优化之道

生活中的运筹学思维

刘强／编著

中国铁道出版社
CHINA RAILWAY PUBLISHING HOUSE

内 容 简 介

为了帮助对运筹学感兴趣的读者了解运筹学，本书共分 10 章，详细阐述了运筹学在各个方面的应用，基本涵盖了运筹学的各个应用领域，既包含了物流运输、生产销售这样的经济领域，也涉及到人际交往、家庭生活这样的生活领域。其中，每章都有 3～4 个典型的应用案例，对每个案例都进行了深入浅出地讲解。

对于一个运筹学应用案例，一共分成两个部分进行讲解。第一部分描述了案例的应用背景和需要解决的问题，描述具体不抽象；第二部分是案例的重点，从运筹学的角度仔细分析问题的本质，找到解决的方法，最后得到可以帮助读者规划决策的启示。

本书在科普运筹学知识和方法的同时，又保持了全面性和实用性，确保读者能够有所收获，能够感受到运筹学的魅力。本书旨在帮助希望通过理性思维的方法来提升工作生活效率的读者有效地运用运筹学思维达到目的；同时对于已经掌握了运筹学思想的读者如何在实践中应用也有较大的帮助。

图书在版编目（CIP）数据

优化之道：生活中的运筹学思维/刘强编著.—北京：
中国铁道出版社，2018.5
ISBN 978-7-113-24365-4

Ⅰ.①优… Ⅱ.①刘… Ⅲ.①运筹学 Ⅳ.①022

中国版本图书馆CIP数据核字(2018)第054800号

书　　名：优化之道：生活中的运筹学思维			
作　　者：刘 强 编著			

责任编辑：荆　波		**读者热线电话**：010-63560056
责任印制：赵星辰		**封面设计**：MXK DESIGN STUDIO

出版发行：中国铁道出版社（100054，北京市西城区右安门西街 8 号）
印　　刷：北京鑫正大印刷有限公司
版　　次：2018 年 5 月第 1 版　2018 年 5 月第 1 次印刷
开　　本：700mm×1000mm　1/16　**印张**：14.5　**字数**：180 千
书　　号：ISBN 978-7-113-24365-4
定　　价：49.80 元

运筹学虽然是数学大家族中一门特别年轻的学科。但是，在如今的大数据时代却显得越来越重要。无论是人工智能技术下的超级 AI，还是海量数据中的深度学习技术，或者是以假乱真的虚拟现实，这些都需要运筹学作为基础的理论。

在如今的大数据时代，对于大多数普通人来说，如果技术跟不上时代，没什么大不了的，毕竟靠技术吃饭的人还是少数；但是思想却不能够落伍于这个时代，我们不能用以前的观念对待现在的问题。运筹的思想是大数据时代不可或缺的基本思想。如果你是一个管理人员，缺乏运筹的思想，就不会懂得如何制订一个项目计划；如果你是一位经销商，缺乏运筹的思想，就不会懂得什么样的销售安排能够盈利最多；如果你是一位投资人，缺乏运筹的思想，就不会懂得哪些投资方案能够带来最大的收益；如果你是一个出租车司机，缺乏运筹的思想，就不会懂得选择怎样的路线能够载到更多的乘客。

也许有人会反驳，上面的这些职业中，许多人并未学过运筹学，不也将自己的工作做得非常出色吗？是的，现实生活中也确实如此。但是在工作中，起决定作用的不是学没学过运筹学，而是有没有运筹思想，会不会利用运筹思想进行规划决策，如果一个人凭着自己日常工作经验的积累，当然可以深谙运筹之道。但是，现代社会的节奏越来越快，即使天天学习也未必能够领先于时代潮流，难道还要我们从漫长的工作经历中积累运筹方法吗？

从现在开始，就可以学习运筹知识，体会运筹的思想和方法。这个时代不仅要求我们具备运筹方面的知识，也提供了学习这些知识的途径和方法，即学习运筹学，纵览运筹学在各方面的具体应用，然后从不同的案例中体会运筹的思想，学习运筹学的知识，熟练掌握运筹的一些基本方法。

一个懂运筹的人无论做什么，都会体现出"效率"和"利益"二字，这是因为运筹的本质就是用最小的成本，获得最大的利益。运筹学本来就是一门"急功近利"的学科。在日常生活中，我们遇到的许多问题都能从运筹学的思想中得到启发，都需要用运筹规划的方法解决实际问题。例如，在理财时采用什么样的理财方式能使收益最大；在买房时如何根据自己的条件选择合适的房子；在做项目时怎样制订计划能够充分利用时间，确保项目能够高效地完成。此外，我们碰到的许多现象也可以用运筹学的思想来解释。例如，商家之间的价格战，情侣之间的争吵，委托人和代理人之间的关系等。

学习运筹学到底难不难呢？如果你学习运筹学是用来做学问，是要成为运筹学专家。那么，这将是一件非常困难，需要付出极大心血的事。然而，我们绝大多数人学习运筹学，都是为了能够将一些运筹方法应用于日常的生活与工作之中，不需要学习高深的理论。相对来说，学习运筹学就是一件比较简单的事情了。因为运筹学的基本思想和方法都是实实在在看得见的，很容易从具体的运筹学应用案例中学习运筹学知识，从而达到举一反三的学习效果，本书为读者们介绍了一些运筹学的应用案例，用一个个具体的案例，手把手地带读者们走进运筹学的大门。

本书内容及体系结构

本书共分 10 章，第 1 章是引导读者进入运筹学的世界，用有趣的例子让读者对运筹学感兴趣，让读者能够感悟到运筹学的奥妙。从第 2 章开始，每章都是围绕运筹学中的某个应用场景展开，每一章都有 3 ～ 4 个具体应用案例。

对于每一个案例，经过系统地讲解，力求做到深入浅出。一个案例大致可以分为两个部分，第一部分描述案例的应用背景和需要解决的问题，描述具体不抽象；第二部分是案例的重点，从运筹学的角度仔细分析问题的本质，找到解决的方法，最后得到可以帮助读者规划决策的启示。

本书特色

1. 用案例渗透理论、道理明白简练

本书不走寻常路，抛开了运筹学中深奥的理论知识，并没有一上来就给读者讲述理论性的东西。但是，本书也不是全然没有理论支撑，本书的一大妙处就在于，在一个个具体的应用案例中，将那些基础的理论知识一点一滴地渗透进去，不贪多求全，包含的运筹学道理明白简练，但求能够给读者带来感悟和启发，保证读者能够完全理解，从而得到收获。

对于那些不常用、学术性过强的运筹学知识，根本没有出现在本书之中，毕竟本书只是一本入门级别的科普类书籍，致力于帮助读者走进运筹学的大门，能够拥有基本的运筹思想，掌握基本的运筹规划方法。

2. 白话讲解案例、阅读轻松畅快

对于运筹学的基本方法和原理，并不需要太多专业的术语。本书为了减少读者的阅读负担，在讲解运筹学应用案例的同时，尽可能地少引用一些专业术语，大多数都是使用白话讲解案例，很少有比较抽象、难以理解的部分，保证读者能够流畅地阅读。

此外，在讲解每一个案例时，尽可能地分小节进行阐述，甚至在遇到比较复杂的小节时，也会采用分步讲解的方法，保证读者阅读起来思路清晰，不会读了这段，忘记上段。

3. 精挑细选案例、应用场景丰富

本书介绍了超过 30 个应用案例，每个应用案例具体来说都是一种应用场景，这些案例一共涵盖了九大领域，既包含了物流运输、生产销售这样的经济领域，也涉及到人际交往、家庭生活这样的生活领域。如此丰富的应用场景，保证读者能够和自己的实际生活结合起来，让读者迅速地将运筹学的思想和方法应用到日常生活中。

本书读者对象

· 追求理性思维方式的读者

· 想要了解运筹学有什么用处的读者

· 想要掌握运筹学入门知识的读者

· 想学习运筹规划方法的读者

因受作者水平和成书时间所限，书中难免存有疏漏和不当之处，敬请指正。

编　者

2018 年 3 月

| 目 录 |
CONTENTS

第三章　运筹学在运输中的应用

第四章　运筹学在商场中的应用

第五章　运筹学在市场竞争中的应用

第六章　运筹学在投资理财中的应用

第七章　运筹学在人力资源中的应用

第八章　运筹学在项目计划中的应用

第九章　运筹学在人际关系中的应用

第十章 运筹学在家庭生活中的应用

第一章

人人都需要运筹学

　　大数据时代已经来临，人人都需要懂得一点儿运筹学，人人都会用到一点儿运筹学。大数据中的"大"，并不是互联网每天产生的海量信息，而是指海量数据之间的相关联系。无论是规划、计划，还是决策都离不开数据的支撑。连接数据和规划决策，需要运筹学发挥作用。了解运筹学之后，对以后的规划和决策将有极大的帮助。

1.1 从一个例子说起

先来做一个和决策有关的"猜数字"游戏。

在一堂运筹学的课上，一共有 100 个同学，教授让每个同学从 1 ~ 100 之间选择一个数字，然后计算这些同学所选数的和的平均数，最后看谁最接近平均数的一半，谁就获得游戏的胜利。假如 100 个人都选择 100，那么平均数就是 100，这时平均数的一半就是 50，最接近的数也就是 50；假如 100 个人都选择 1，那么平均数就是 1，平均数的一半就是 0.5，这时最接近的数也就是 1。

如果你是这堂课上的同学，你会选择什么数？

对于上面这个游戏，如果有点儿理性的话，也就不会想当然地去猜一个数字。其实，这个问题说简单又不简单，说复杂又不复杂，因为需要用到运筹学中的博弈思维。具体的思维过程如下所示，要进行以下几轮思考：

第一轮

不妨假设所有人都选择最大的数字，也就是 100，那么这些数字平均数的一半就是 50；再说，大家都不可能一起选择 100；如果都选 100，这个游戏就失去了意义，也不符合心理学。

第二轮

既然大家都不会同时选择 100 这个最大的数字。那么，大家选择的数一定比 100 小，也就是说，这些数字平均数的一半一定比 50 小。这种情况大家也能想到，也就不会选择 50 了，而是选择更小的数字。

第三轮

这时候，也许有人又会想到，既然大家都会选择比 50 更小的数字，得到的平均数也要比 50 更小一点。所有数字平均数的一半也就比 12.5 还要小一点，这时可以选择 12，这个数字应该是最接近平均数的一半。因此，数字 12 就是这个游戏中聪明者会选择的数字。

这时候，可能有的读者更加"聪明"，明显还可以将以上思考过程继续下去，可以进行第四轮思考，既然大家都会选择 12，那么，所有数字平均数的一半即为 6，这时应该选择 6。

甚至，如果我们进一步"钻牛角尖"，还可以进行第五轮思考，既然大家都会选择 6，这时所有数字平均数的一半就是 3，那么，即可选择 3，这样不是更好吗？

其实不然，从运筹学的角度来看，这个游戏就是一个十分典型的博弈，在博弈过程中，可以通过不断揣测大部分人的行为，从而做出对自己最有利的决策，也就是尽可能地选出最理想的那个数，即离所有数字平均数的一半最接近的那个数字。

因此，可以这样说，我们判断大部分人的行为越准，就越能够做出对我们有利的决策，就越有可能从所有参加游戏的人中脱颖而出，成为最终的赢家。

再回过头来思考就会明白为什么不能将分析思考的过程执行到第四轮和第五轮，因为大部分人由于 100、平均数、50 这几个关键词的引导，只会思考到第二轮，选择的数字会和 50 差不多大，可能稍小一点儿，而聪明的人也许会多思考一轮，这时得到的结果就是 12。对于那些思考到第四轮甚至第五轮的人，他们会选择 6 或 3；但是从统计的实验数据来看，选择 12 才是真正智慧的选择。

在这个博弈游戏的背后还具有深刻的现实意义。在炒股时，可以看作是一个和所有股民博弈的过程，因为股市里的资金可以简单地看作是在所有股民手中流转，如果某个股民赚钱了，也就意味着另一个股民会亏钱。

那么，如何才能在股市中赚钱呢？这就需要我们能够比较准确地预判大部分股民会做出怎样的选择，然后反其道而行之，这样就能得到最佳的炒股收益。这个思路和前面的博弈游戏是完全一致的。

1.2　运筹学能帮助我们做什么

运筹学中的博弈思维在炒股中对我们的帮助，仅仅只是运筹学一方面的作用。学好运筹学对我们的帮助还大着呢。总结起来，运筹学可以说对我们日常生活、学习和工作等方面都有各种各样的帮助，下面通过这三个例子来体会。

1.2.1　应该选择怎样的投资方案

现在的金融业越来越发达，有各种各样的理财产品、投资方案可以让投资者自行选择。理财和投资并非只有炒股一种投资方式，有时候我们需要在许多投资方案之中进行选择和组合，从而得到收益最大的投资方案，让有限的资金能够得到更大的收益，这样才能保持资产增值。例如：

某人准备拿出 30 万元进行投资，其中，由于投资期限的不同，投资所产生的收益也相同。现在，他可以选择以下四种方案：

方案 A

三年内，投资人在每年年初投资，一年结算一次，年收益率是 15%，下一年可继续将本息投入获利。

方案 B

三年内，投资人在第一年年初投资，两年结算一次，年收益率是 40%，下一年可继续将本息投入获利；这种投资最多不超过 25 万元。

方案 C

三年内，投资人在第二年年初投资，两年结算一次，年收益率是 50%；这种投资最多不超过 20 万元。

方案 D

三年内，投资人在第三年年初投资，一年结算一次，年收益率是 20%；这种投资最多不超过 15 万元。

对于上面这个问题，他应该选择怎样的投资组合方案，让自己这 30 万元的投资带来最大的收益呢？

上面这个投资问题，几乎每一个理财的人都要从多个投资方案中进行选择和组合，从而得到最高收益。通常的做法是分析这些投资方案，组合出每一个可行的投资计划，计算出每一种投资计划带来的收益，然后执行收益最大的投资计划。

然而，只要仔细分析一下，就会发现上面的做法看似简单，其实具体过程异常复杂。是我们把投资问题想象得太简单了。按照上面的思路，计算起来将会变得异常繁琐。

案例中的投资人可以只选择其中某一种方案将所有资金进行投资，例如只选择投资方案 A，也可以搭配两种方案进行投资。例如，先选择投资方案 A 再选择投资方案 C，或者先选择投资方案 B 再选择投资方案 D。注意：投资方案 B、C 和 D 都有资金限制。

此外，投资人还可以这样考虑：不把鸡蛋同时放进一个篮子里。可以同时选择多种方案进行分散投资。例如，在第一年年初时，可以同时选择方案 A 和 B。因为这两种方案配置的资金比例不同，最后得到的收益肯定也不同……

看了以上的粗略分析，是不是觉得投资组合问题变得异常复杂。事实也正是如此，投资组合类问题要想得到最佳的投资计划，必须全面考虑，不遗漏任何可能的组合方案。

1.2.2　人际关系中有时也需要"以牙还牙"

如果将运筹学只用于个人投资理财，是小看了它的广泛作用。运筹学作为数学大家族中的一门新兴学科，还可以应用到人际关系中。因为运筹学的本质是利用现有资源追求利益最大化。因此，运筹学也能够像心理学那样，运用到人际关系之中。

在人际关系中，有时会面对合作者的背叛。例如，借钱给某个朋友，这时和朋友之间可以说是合作关系，但其未在规定的期限内还钱，这个朋友就可以说是这次合作关系中的背叛者。

有时我们会遇到那种借钱从未按时还的朋友，有些人碍于朋友之间的面子就会不了了之，白白便宜了那个借钱不还的人，有的人屡次催债未果，也不得不放弃。最后，这些借钱收不回的朋友也只能发出遇人不淑的叹息，觉得是自己没有认清那些背叛者的品格，导致自己吃了亏。

在人际关系中，朋友之间借钱与还钱的经济往来可以看作是运筹学中的博弈过程，可以建立一个博弈模型。在这个博弈中，我们可以这样规定，一共有两个参与者，每个参与者的策略都有两个：合作和背叛。考虑到借钱和还钱的场景，可以得到下面几种情形。

如果一方愿意借钱，另一方也能够按时还钱，那么可以说双方都选择了合作。如果一方愿意借钱，另一方却不能够按时还钱，那么可以说是前者选择了合作，后者选择了背叛。如果一方承诺自己会按时还钱，另一方却不肯借钱，那么可以说是前者选择了合作，但是后者不愿意与前者合作。

根据上面的情形，从借出的一方来看，这个博弈的步骤如下。

第一轮

对方向我方借钱。如果还不了解对方，可以选择合作，借钱给对方，进行到第二轮；当然，也可以选择不借钱给对方，这就意味着终止合作。

第二轮

对方再次向我方借钱。在第一轮借钱给对方的前提下，如果对方选择背叛的策略，没有按时还钱，我方的最佳策略就是"以牙还牙"，同样选择背叛，不再借钱给对方，这也就意味着终止合作。如果对方已经按时还钱，这时仍然可以选择继续借钱给对方，也可以选择不借钱给对方。

......

只有遇到对方出现背叛的行为，我方的最佳策略就是在下一轮对方还来借钱的时候"以牙还牙"，终止双方之间的合作关系。

对于"以牙还牙"策略，有以下四个特点：

• 友善："以牙还牙"者开始一定采取合作态度，不会背叛对方；

• 报复性：遭到对方背叛，"以牙还牙"者一定会还击报复；

• 宽恕：当对方停止背叛，"以牙还牙"者会原谅对方，继续合作；

• 不羡慕对手："以牙还牙"者个人永远不会得到最大利益，整个策略以全体的最大利益为依归。

从统计的结果来看，在众多策略中，"以牙还牙"确实是最有效的。曾连续数年击败由计算机科学家、经济学家和心理学家等团队所提出的策略。因此，在人际关系中，如果遇到了不讲信用的背叛者，最好的策略就是同意选择背叛，并且终止这种合作关系。这样才能确保自己的最大利益。

1.2.3　不好看的电影最好不要忍着看完

经常看电影的读者们，往往会遇到这样一个两难的境地：如果你预订了一张电影票，并且已经付了票款且假设不能退票。但你看电影时却发现这是一部烂片，这时你还要不要继续看下去？

不得不说，像上面这样两难的境地，几乎每个人都会遇到，只是具体的事情不同而已，或者两难的程度不同罢了。可以从运筹学的角度进行分析。当然，这时还需要了解一个概念，那就是"沉没成本"。

什么是"沉没成本"？

沉没成本是指已经付出且不可收回的成本。沉没成本常用来和可变成本做比较，可变成本可以被改变，而沉没成本则不能被改变。因此，上面两难境地中，电影票的价钱可以算作决策时的沉没成本，我们需要考虑的是要不要继续在这部电影上花时间，因此，可变成本就是看这部电影的时间。

从运筹学的角度来看，在决策的时候，考虑的应该是如何让自己的利益最大。从理性的角度来看，没有必要考虑那些已经无法改变的沉没成本，应该考虑那些可以改变的成本，将这些成本降到最低，这样才能让自己的利益最大化。

再回到上面看电影的两难困境，既然已经付了电影票钱，我们就没必要考虑这些事情，即使现在很后悔买了这张电影票，这时应该做出的决定是这部电影是否值得花时间看，而不是考虑你为这部电影付了多少钱。

显然，最好的选择是离开电影院，不再继续看电影，这样我们只是花了点儿冤枉钱，还可以腾出时间做一些其他更有意义的事来降低机会成本；而选择继续看电影，就意味着还要在这部电影上花费不必要的时间，还要继续受罪，这时候付出的成本就不仅仅是票价了。

1.3 那些不会运筹的倒霉蛋

学习运筹学，不只是学习运筹学的知识，更是全面地理解运筹的思想。可以说，一个没有运筹思想的人，在做规划和决策时，往往缺乏足够的理性，会被自己的情绪和别人的行为影响。学习和了解运筹的思想，即使不用来追求自己的最大利益，也可以用来"防身"，不做那个吃亏的倒霉蛋。

1.3.1 鸡年春节支付宝"集福"的忽悠

2017 年 1 月份，支付宝推出了"集五福"的活动，所有使用支付宝钱包集齐五福的用户，都能够一起随机瓜分 2 亿元的现金红包。活动的具体规则是打开"扫一扫"的 AR，对准任意一个"福"字，即可领取福卡，或者开通"蚂蚁森林"，帮好友浇水，也有机会得到福卡。

为了弥补 2016 年春节"敬业福"不足的尴尬局面，支付宝在活动刚开始的当天就一口气发放了几千万张"敬业福"。后来更是推出了新的福卡，也就是"万能卡"和"顺手牵羊卡"。其中，"万能卡"能够变换成任意一种福卡，"顺手牵羊卡"可以从朋友收集的福卡中"偷"来一张，放到自己的福卡包中。显然支付宝所做的这些调整，都是想让大多数参加集福卡活动的用户最后能够从 2 亿元中分到钱，而不会像 2016 年那样，只有少部分人平分了 2 亿元，让绝大多数参与活动的用户都不满意。

既然支付宝带着满满的诚意，我们应不应该用将近一个月的时间来集齐五福呢？

从运筹学的角度来看，在这次集福活动中，期望和预期的收益是完全不能等同的，用户完全没有必要为了那一点点的收益去折腾 20 多天时间。

这其中牵扯到概率和期望的问题，集福活动的总金额是有限的。因此，集齐五张福卡的人数越多，瓜分 2 亿元现金得到的收益也会越低。

即使这只是一个"运气"问题，这时也可以计算出预期的收益，在这次活动中，最终收集到五张福卡的用户有 1 亿多，也就是说，平均每个人的收益只是 1 元多一点儿，付出与收益是明显不对等的。

1.3.2 谁能够赢到最后

公司举行联谊活动，市场部大刘和财务部老李准备玩一个游戏，打赌在既定规则下谁能够喝到更多的酒。桌上一共有 9 杯鸡尾酒，但是每个人一次最多只能拿两杯鸡尾酒，必须喝光手中的酒才可以拿新的酒杯，而且每个人喝一杯酒的时间是固定的。大刘和老李应该怎样做才能从这个游戏中获胜呢？

在这个比赛中，大刘为了取胜，毫不犹豫地拿起两杯鸡尾酒，迅速喝了起来。一旁的老李却不贪多，在开始时只拿了一杯鸡尾酒，喝完之后，又拿起两杯鸡尾酒喝了起来。

大刘喝完最开始的两杯酒，再拿起两杯，这时桌上只剩下两杯鸡尾酒没有人喝。大刘新端起来的两杯鸡尾酒还有一杯没喝完，这时老李手中的两杯鸡尾酒已经喝完了。于是，老李从容地拿起了桌子上仅剩的两杯鸡尾酒，不紧不慢地喝了起来。

显然，游戏的输赢已经一目了然了，大刘先拿了两杯，总共只喝了 4 杯，虽然老李最初只拿一杯，但一共喝了 5 杯，老李最后赢得了这个游戏。

从这个游戏我们可以发现，并不是当前的领先就能够带来最终的胜利，或者说全局的胜利。在现实生活中，我们经常会犯这样的错误。例如，在下象棋时，往往只考虑如何吃掉对方的棋子，要等到将对方的主要棋子消灭得差不多了，才会考虑如何真正的"将"死对方。但往往会在全局上陷入被动，容易被对方找出破绽，一子定输赢。这样，不仅不能置对方于死地，反而会让自己被对方"将军"。

从运筹学的角度来看，这也是一个博弈的过程。在采取策略时，我们如果只考虑眼前利益，往往会失去主动权，最后反而导致失败。相反，如果我们能从全局来考虑问题，不被眼前的胜利冲昏头脑，可以为了最后的胜利牺牲眼前的利益，只有这样，才能够使我们笑到最后。

1.3.3　比较两种算法的优劣

在计算机中，计算某个数值会有多种算法，这时需要比较这些算法的优劣。运筹学是和计算机科学密不可分的一门学科，可以帮助我们找到更优的算法。可以用下面的例子来体会运筹学在算法中的作用。

在数学中，我们都知道一个很著名的数列，即"斐波那契数列"，是指前两项相加得到第三项的数列。例如：1+1=2，1+2=3，2+3=5……斐波那契数列在许多方面都有应用。例如物理、生物、交通规划等方面。黄金分割也是依据斐波那契数列来的，被广泛应用于艺术和工业设计等领域。

现在需要计算斐波那契数列中各项的值。如果仅仅已知斐波那契数列的第 1 项和第 2 项都是 1，如何来求斐波那契数列中第 5 项的值呢？在计算机中，可以用下面两种算法进行计算：

算法一　每一项都分开计算

现在来求第 5 项的值，先分别求出斐波那契数列第 3 项和第 4 项的值，即可知道第 5 项的值，如图 1-1 所示。

首先，计算第 3 项的值。因为前两项都是 1，开始进行计算，第一次计算得到第 3 项的值是 2，也就是说，一共只需计算 1 次。

其次，计算第 4 项的值。因为前两项都是 1，开始进行计算，第一次计算得到第 3 项的值是 2，第二次计算得到第 4 项的值是 3，一共需要 2 次计算。

最后，再通过一次计算，也就是将第 3 项的值和第 4 项的值相加，得到第 5 项的值是 5，整个过程共需要 4 次计算，因为 1+2+1= 4。

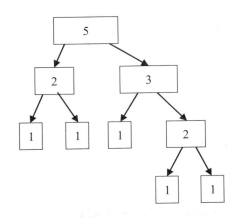

图 1-1　算法一：每一项都分开计算

算法二　不分开计算

算法一的计算思路中包含了大量的重复性工作。其中，计算第 3 项的值重复了两次。这其实是不必要的。因此，无须将第3项和第4项的值分开来计算。要求第5项的值，只需知道第3项和第4项的值。现在，要求第4项的值就需要知道第3项的值和第2项的值（已知），而求第3项的值只需要知道第1项的值（已知）和第2项的值（已知）即可。

因此，不妨先经过第一次计算得到第3项的值为2，第二次计算得到第4项的值为3，第三次计算得到第5次的值为5，一共只需3次计算即可，如图1-2所示。

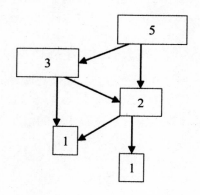

图1-2 算法二：不分开计算

比较上面两种计算斐波那契数列的方法，可以发现第二种算法帮助我们提高了计算效率，免去了一些重复性的工作。其实，第二种方法就是运筹学中的动态规划，它可以帮助我们找到效率较高的解决方案。

1.4 运筹学的基本思想

运筹学的思想无非就是研究如何让利益最大化，如何让成本最小化。例如，在选择投资方案时，采用运筹的方法进行合理规划，能带来更高的收益；

在制订计划时，用运筹的方法进行合理安排，可以节省时间；在博弈过程中，用运筹的思想做出最佳决策，从而战胜对手等。总之，学习运筹学，并将之应用到生活的各个方面，能够给我们带来一些意想不到的效果。

总的来说，运筹学的主要内容分为三个部分：如何规划、如何计划和如何决策。因此，在遇到生活中的问题时，我们可以先判断这个问题属于哪个方面，然后再用运筹学的相关方法来解决。至于运筹学的方法，可以在后面章节的案例中学到，这里不再赘述。

第二章

运筹学在生产中的应用

生产过程是运筹学的一个重要应用场景。在实际生产过程中，由于各方面的资源是有限的，往往需要考虑人力、原料、机器设备等生产中必须满足的条件，在这些条件的基础上，寻求符合要求的生产方案、最大利润，或者最高效率等。

2.1　制酒过程中的最大利润问题

在实际生产中，几乎所有的运筹规划都是围绕如何取得最大利润展开的。例如，一家酒厂往往不会只生产同一种类型的酒，有高中低端酒之分；只有合理地安排各种酒的产量，才能让酒厂的经济效益好起来。如果管理者盲目地认为只应该生产利润高的高端酒，往往达不到整体的最大利润。

2.1.1　如何让利润最大

某酒厂生产高端酒和低端酒，这两种酒都是由高纯度和低纯度的两种原料酒混合而来。现在，生产一瓶低端酒需要低纯度原料酒 8 千克，高纯度原料酒 4 千克。并且，一瓶低端酒能够给酒厂带来 70 元的利润；生产一瓶高端酒需要低纯度原料酒 4 千克，高纯度原料酒 7 千克。并且，一瓶高端酒能够给酒厂带来 120 元的利润。

现在，已知这家酒厂每天需要引进低纯度原料酒 360 千克，高纯度原料酒 200 千克，为了保证酒的质量，所有的原料酒都不能留到第二天使用。那么，这家酒厂应该怎样安排生产计划，才能让每天获得的总利润最大？

2.1.2　分析实际问题

对于这类问题，需要经过分析实际问题、建立数学模型、求解最优方案三个步骤。其中，第一步是分析问题的本质信息，这是解决现实生活中最优化问题的前提。在求最优解决方案的实际问题中，每一方面都要考虑到。因此，分析实际问题主要是简化问题信息，找到各个事物之间的数学关系，明确问题中的限制条件和目标。

首先，简化问题信息。

简化问题信息主要有两种方法，一种是图画，另一种是表格。从图画和表格中可以加深对问题中各项事物之间关系的理解，帮助我们快速形成解决问题的思路。

有的实际问题适合用图画表达，有的最好用表格描述。对于一个实际问题，选择比较合适的一种方法就可以了。图画和表格只是辅助我们解决实际问题的工具，不是主要目的。

在求解生产过程中最大利润的问题时，最合适的方法是用表格描述问题。根据题干中高端酒和低端酒各自对于高纯度、低纯度两种原料酒的消耗和每瓶酒的利润，以及每天对高纯度、低纯度两种原料酒的使用限制，可以得到酒厂两种酒的生产情形，见表2-1。

表 2-1　酒厂两种酒的生产情形

	低纯度（千克）	高纯度（千克）	单瓶利润（元）
低端酒	8	4	70
高端酒	4	7	120
原料酒供应（千克）	360	200	

从表2-1中可以清晰地看到问题中各项数字和主要信息。从表2-1中也可以将高端酒和低端酒各自需要的原料酒、利润形成清晰的对比。

其次，找到各个事物之间的数学关系。

　　显然，在实际的生产过程中，制酒所消耗的原料酒的多少和得到的成品酒的数量是呈线性关系。也就是说，制成的成品酒的数量越多，生产过程中所消耗的原料酒也就越多，反之亦然。同时，制得成品酒的数量和形成的利润也是线性关系，数量越多，获得的利润也就越多，反之也是如此。

　　因此可以得到：要想利润尽可能多，就需要尽可能多地制得成品酒，尽可能多地将每天的两种原料酒都消耗完。

　　最后，明确问题中的限制条件和目标。

　　在和运筹学相关的问题中，条件是指这个问题中各项事物必须遵循的要求，目标就是要达到怎样的最优。要注意：在实际应用中，不同的问题往往有不同的目标，有的目标追求的是值越大越好，有的目标则希望值尽可能地小。

　　因此，由表 2-1 可知，在求最大利润的生产方案时，实际问题的两个条件分别是：

　　（1）高端酒和低端酒消耗低纯度原料酒的总量不超过低纯度原料酒每天的供应量，也就是不超过 360 千克。

　　（2）高端酒和低端酒消耗高纯度原料酒的总量不超过高纯度原料酒每天的供应量，也就是不超过 200 千克。

　　这时的目标应该是：

高端酒的利润和低端酒的利润之和，这个目标越大越好。

2.1.3　建立数学模型

　　用运筹学来解决实际问题，最重要的一步并不是计算求得最终的答案，而是根据对实际问题的分析结果，用数学模型描述实际问题，将实际问题转化为一个单纯的数学问题，之后再通过直接的运算来求解。实际问题需要考虑多个条件，例如，产品的数量不能小于 0，并且不能是小数，必须是整数等。

在建立数学模型时，分为三个主要步骤：

首先，根据问题的相关信息设置合适的未知数。

其次，用数学式表达实际问题中的条件和目标。

最后，考虑未知数所要满足的基本条件。

经过这三个步骤之后，才能得到原来实际问题的完整数学模型，之后再求解即可。

步骤一，根据问题的相关信息设置合适的未知数。

在这个实际问题中，我们不知道如何安排生产计划，不清楚每天该生产多少瓶高端酒，多少瓶低端酒。因此，不妨假设每天生产 x 瓶低端酒，y 瓶高端酒。根据这两个未知数，可以推断出这两种成品酒每天消耗的原料酒、获得的利润分别是多少。

根据所设未知数，可以得到生产 x 瓶低端酒所需的低纯度原料酒是 $8x$ 千克，高纯度原料酒是 $4x$ 千克，获得利润是 $70x$ 元；生产 y 瓶高端酒所需的低纯度原料酒是 $4y$ 千克，高纯度原料酒是 $7y$ 千克，获得利润是 $120y$ 元。

步骤二，用数学式表达实际问题中的条件和目标。

由于两种成品酒消耗低纯度原料酒的总量不能超过 360 千克，可以得到这个数学模型中的第一个条件：

（1）$8x + 4y \leq 360$；

同样，由于两种成品酒消耗高纯度原料酒的总量不能超过 200 千克，可以得到这个数学模型的第二个条件：

（2）$4x + 7y \leq 200$

（1）、（2）就是这个线性规划问题的条件，这样的条件在运筹学中又被称为约束条件。

因为问题中的目标是高端酒和低端酒的利润之和，其值越大越好，可以得到这个模型的目标：

$70x + 120y$，求最大值。

步骤三，考虑未知数所要满足的基本条件。

由于未知数分别表示两种成品酒的数量，单位是瓶。因此，这两个未知数不能小于 0，并且必须都是整数，即可得到下面的基本条件：

x，$y \geq 0$，x 和 y 都是整数。

这也是绝大部分日常生活中线性规划问题中的基本条件。通常，这样的条件称为边界条件，因为它们限定了 x 和 y 基本范围。

综合起来，可以得到这个问题的数学模型：

目标：$70x + 120y$，求最大值。

条件：（1）$8x + 4y \leq 360$；

　　　（2）$4x + 7y \leq 200$；

　　　　x，$y \geq 0$；

x，y 都是整数。

2.1.4　求解最优方案

在建立对应的数学模型之后，对于实际问题的求解就完全转化为一个单纯的数学问题了。我们可以发现，在这个问题中只存在线性关系，无论是成品酒数量和原料酒消耗数量之间，还是成品酒数量和酒厂利润之间，都是线性关系。这类由线性关系组合的求最优方案的问题，就是线性规划问题。

对于线性规划问题的求解，需要用到图解法。图解法就是用坐标图将模型中的目标和条件表示出来，然后根据图示找到最优解决方案。

首先，画出最优方案的选择范围。

画出关于 x（低端酒的日产量）和 y（高端酒的日产量）之间的坐标系。在坐标系中画出直线 $8x + 4y = 360$ 和 $4x + 7y = 200$，用实线表示。这时两条直线与坐标轴之间围成的图形（阴影部分）即为所求的最优方案范围，如图 2-1 所示。

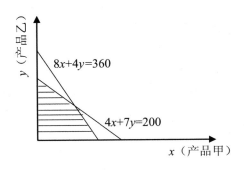

图 2-1　最优方案范围（阴影部分）

其次，在坐标图中用虚线表示目标。

在画出解决方案的范围之后，需要在阴影范围内找到最优的解决方案。酒厂的总利润即为目标 $70x + 120y$，可以用虚线来表示。由于目标值不能确定，因此，这条虚线可以上下移动。从图 2-2 可以看出，当虚线移动到直线 $8x + 4y = 360$ 和直线 $4x + 7y = 200$ 的交点 A 时，目标值刚好达到最大，这时也没有超出图中的阴影范围，因此也在选择方案的范围之内。

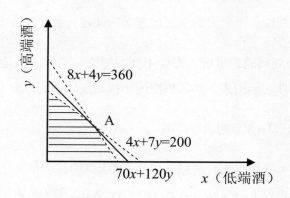

图 2-2　虚线到达 A 点时为最佳解决方案

最后，求得最优解决方案。

通过移动虚线，找到目标值最大点（即 A 点）之后，A 点坐标即为最佳解决方案，其中 A 点的 x 坐标表示酒厂应该生产多少瓶低端酒，A 点的 y 坐标表示酒厂应该生产多少瓶高端酒。

那么，如何来求 A 点的坐标呢？

其实很简单，A 点是直线 $8x + 4y = 360$ 和直线 $4x + 7y = 200$ 的交点，通过这两个方程，即可轻松得到：

$x = 43$，$y = 4$

即 A 点的坐标是（43，4），这时候目标 $70x + 120y$ 的值最大，值是 $70 \times 43 + 120 \times 4 = 3490$。并且，这时候的 x 和 y 也满足都是整数这个条件。

因此，得出最佳解决方案：酒厂应该每天生产低端酒 43 瓶，高端酒 4 瓶，这时工厂每天的利润能达到最大，最大利润是 3490 元。

2.2　面粉加工厂的最高效率问题

在生产过程中，还有一类问题也比较重要，那就是确保最高生产效率。在实际生产过程中，需要进行规划，确保员工在工作时间内有事可做，确保生产设备每天都能得到充分利用，不会闲置，确保生产原料能够被充分利用，转化为相应的产品。只有这样，才保持最高的生产效率。

2.2.1　如何让效率最高

某个面粉加工厂主要生产 1 号和 2 号型号的面粉。其中，整个生产厂只有一条流水线。其中，每小时生产 1 吨 1 号面粉，需要消耗 3 吨原料；每 2 小时生产 1 吨 2 号面粉，需要消耗 4 吨原料。现在，已知面粉加工厂每天购进的原料为 20 吨，流水线每天工作 8 个小时。应该如何安排面粉加工，让每天的原料都消耗完，同时又能维持流水线的工作时间？

2.2.2　分析实际问题

在上述问题中，最理想的生产方案是既保证每天的原料都能使用完，又可以让流水线的工作时间刚好 8 小时，这样才能维持面粉加工厂的高效运转。如果有空闲的时间，意味着流水线会有闲置。同样，如果有原料没有消耗完，意味着当天原料会浪费。

首先，可以用表格简化这个问题。

根据题干中两种产品对原料的消耗量，对设备的需要时间，可以得到表 2-2。

表 2-2　两种型号面粉的生产情形表

	所需原料（吨）	流水线加工（小时）
1 号面粉	3	1
2 号面粉	4	2
每天限制	20	8

其次，找到各个事物之间的关系。

对于 1 号、2 号两种面粉而言，面粉的产量与原料的消耗量之间为线性关系。同样，面粉的产量与流水线的使用时间也是线性关系，面粉产量越高，需要使用流水线的时间越长。

最后，明确问题中的限制条件和目标。

在这个问题中，需要满足的条件是保证既不让工人和流水线在工作时间内空闲，又不能有原料的剩余，也就得到以下两个条件：

（1）每天工人和流水线的工作时间必须等于 8 小时，即每天 1 号面粉所用流水线时间与 2 号面粉所用流水线时间之和等于 8 小时。

（2）每天消耗的原料应该等于 20 吨，即每天 1 号面粉所需要的原料与 2 号面粉所需要的原料之和等于 20 吨。

对应地，这个问题的目标就是要找到满足以上两个条件的生产方案。

2.2.3　建立数学模型

首先，根据未知信息设置未知数。

在这个问题中，不知道的信息无非有两个：一是应该生产多少吨 1 号面粉；二是应该生产多少吨 2 号面粉。因此，不妨假设每天生产 x 吨 1 号面粉，生产 y 吨 2 号面粉。

这时即可得到其他重要信息：每天生产 1 号面粉所消耗的原料是 $3x$ 吨，所需的加工时间是 x 小时；每天生产 2 号面粉所消耗的原料是 $4y$ 吨，所需的加工时间是 $2y$ 小时。

其次，用数学式表达条件和目标。

在这个问题中，根据条件（1）：两种面粉所用流水线的时间之和等于 8 小时，得出数学模型中的第一个条件：

（1）$x + 2y = 8$；

根据条件（2）：两种面粉所要消耗的原料之和等于 20 吨，得出数学模型的第二个条件：

（2）$3x + 4y = 20$；

对于这个问题的目标，可以发现它与前面的线性规划问题略有不同，这里的目标只是求出满足条件的 x、y 值即可，不需要考虑目标的最大值。因此，可以将这个目标在数学模型中表示出来。

目标：求 x、y 的值。

最后，考虑未知数所要满足的基本条件。

在这个问题中，两种面粉的产量都不能小于 0。因此，可以得到模型中 x 和 y 的值需要满足以下基本条件：

x，$y \geq 0$。

综合起来，得到生产中求最大效率生产方案的数学模型：

目标：求 x、y 值

条件：（1）$x + 2y = 8$；

（2）$3x + 4y = 20$；

x，$y \geq 0$；

x，y 都是整数。

2.2.4　求解最优方案

在上面的问题中，可以发现与 2.1 中的数学模型有较大的差别，在这个问题的数学模型中，两个主要的条件都是等式，并且目标直接就是求满足条件的 x 和 y 的值即可。其实，这个模型本质上就是一个求解方程组的问题。因此，对于这个模型的求解，又可以有以下两种不同的方法：

第一种方法：直接求解方程组。

$$\begin{cases} x+2y=8 \\ 3x+4y=20 \end{cases}$$

解上面这个方程组可以得到：

$x=4$，$y=2$。

可以得到面粉加工厂最佳生产方案是：每天安排加工 1 号面粉 4 吨，加工 2 号面粉 2 吨，只有这样才能充分利用原料且时间刚好是 8 小时。

第二种方法：用图像的方法求解。

除了直接求解方程组，还可以将这个问题中的条件（1）$x + 2y= 8$ 和条件（2）$3x+4y=20$ 分别表示成坐标图中的两条直线，如图 2-3 所示。两条直线的交点意味着刚好满足条件，交点对应的坐标即为问题的最优解决方案。

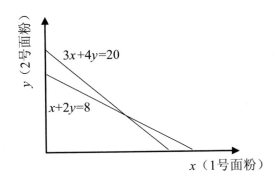

图 2-3　两种面粉的加工情形

可以得到交点坐标为（4，2），得到这个问题的最优解决方案是：每天安排加工 1 号面粉 4 吨，2 号面粉 2 吨。这和第一种方法得到的结果完全一致。

2.3 手机生产中的最大销售额问题

在生产过程中，还有一个很重要的衡量指标，即产品的销售额。销售额的大小往往可以反映出产品在市场上的地位。如果产品在市场的需求范围之内，应如何安排生产计划，让整个工厂的销售额达到最大，从而稳固产品的市场地位。这是实际生产中需要解决的最优化问题。

2.3.1 如何让销售额最大

近年来，国产手机品牌迅速崛起。某国产品牌以中低端手机为主。主打"旗舰"和"红色"两种型号的手机，这两种手机在市场上都非常畅销。其中，生产一部旗舰型号的手机需要使用机器 6 小时，人工 10 小时，售价 1700 元；生产一部红色型号的手机需要使用机器 8 小时，人工 5 小时，售价 900 元。该手机加工厂的机器时间总量是 120 小时，人工时间总量是 100 小时。该工厂经理需怎样制订生产计划，使手机的销售额能达到最大。

2.3.2 分析实际问题

首先，用表格简化问题。

"旗舰"手机和"红色"手机需要消耗的机器时间和人工时间，以及售价和相应的资源总量见表2-3。

表2-3　"旗舰"手机和"红色"手机的生产情况表

	机器（时）	人工（时）	产品售价（百元）
"旗舰"手机	6	10	17
"红色"手机	8	5	9
资源总量	120	100	

其次，找到各个事物之间的关系。

在生产问题中，对"旗舰"手机和"红色"手机来说，生产手机的数量和所占用机器的时间是线性关系，生产的手机数量越多，需要占用越多的机器时间；同样，生产手机的数量和所占用的人工时间也呈线性关系，生产手机数量越多，需要占用越多的人工时间。生产手机的数量和销售额的大小也是线性关系，生产越多的手机，意味着销售额会越多。

最后，找到问题的限制条件和目标。

在这个问题中，所要满足的条件就是机器时间和人工时间不能超过资源的总量，目标是工厂总销售额达到最大，得到以下两个条件和一个目标：

条件一：生产两种手机所占用的机器时间的总量不能超过120小时，即生产"旗舰"手机所占用原机器时间与生产"红色"手机所占用的机器时间之和不能超过120小时。

条件二：生产两种手机所占用的人工时间的总量不能超过100小时，即生产"旗舰"手机所占用的人工时间与生产"红色"手机所占用的人工时间之和不能超过100小时。

目标："旗舰"手机的销售额和"红色"手机的销售额之和，这个目标越大越好。

2.3.3 建立数学模型

首先，根据未知信息设置未知数。

在这个问题中，未知的信息应该是各自生产多少部"旗舰"手机和"红色"手机。因此，不妨假设生产 x 部"旗舰"手机，生产 y 部"红色"手机。对于"旗舰"手机来说，机器的占用时间为 $6x$ 小时，人工的占用时间为 $10x$ 小时，销售额是 $17x$ 百元；对于"红色"手机来说，机器的占用时间为 $8y$ 小时，人工的占用时间为 $5y$ 小时，销售额是 $9y$ 百元。

其次，用数学式表达问题中的条件和目标。

根据两种手机占用机器时间之和不能超过 120 小时，得到模型的第一个条件：

（1）$6x + 8y \leq 120$；

根据两种手机占用人工时间之和不能超过 100 小时，得到模型的第二个条件：

（2）$10x + 5y \leq 100$；

对于这个问题的目标，也就是两种手机的总销售额是越大越好，可以得到数学模型的目标如下：

目标：$17x + 9y$，求最大值。

最后，考虑未知数所要满足的基本条件。

在生产问题中，手机的单位是部。因此，手机的数量必须是整数，而且手机的数量不能小于 0，得到 x、y 所要满足的基本条件：

x，$y \geqslant 0$；

x，y 都是整数。

综合起来得到在生产中求最大销售额问题的数学模型：

目标：$17x + 9y$，求最大值

条件：（1）$6x + 8y \leqslant 120$；

（2）$10x + 5y \leqslant 100$；

x，$y \geqslant 0$；

x，y 都是整数。

2.3.4 求解最优方案

从模型中可以看出，这个问题中的条件和目标都是线性关系，也可以把这个问题看成是一个线性规划问题。因此，可以利用图解法求得最优的解决方案。

首先，画出最优方案的选择范围。

根据未知数 x，y，建立一个坐标系，其中 x 轴表示"旗舰"手机的产量，y 轴表示"红色"手机的产量。由条件（1）和条件（2）可知，将 $6x + 8y = 120$ 和 $10x + 5y = 100$ 用图 2-4 中的实线表示，再结合实际情况，得到这两条直线和坐标系围成的区域就是要寻找最优解的范围，即图 2-4 中的阴影部分。

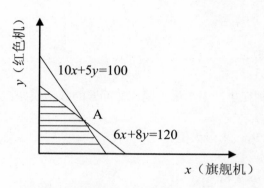

图 2-4　阴影部分是寻求最优解的范围

其次，在坐标系中用虚线表示目标。

在图 2-4 中将目标 $17x+9y$ 用虚线表示，移动虚线，当移动到两条直线的交点 A 时，目标值达到最大，A 点也在范围之内，说明 A 点就是线性规划问题的最优解，如图 2-5 所示。

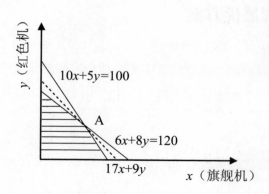

图 2-5　移动到 A 点时目标值最大

最后，求得最优方案。

确定在 A 点目标值会达到最大，A 点坐标就是这个问题的最优解决方案。由 $10x+5y=100$ 和 $6x+8y=120$ 可以得到 A 点的坐标是（4，12），可以得到：

$x=$ 4，$y=$ 12。

此时的目标值达到最大：

$17x + 9y=$ 176。

并且 x 和 y 也满足都是整数的条件。

因此，工厂应该安排生产 4 部"旗舰"手机，12 部"红色"手机，这样可以使工厂的销售额达到最大，最大销售额是 17600 元。

2.4　分工生产中的比较优势问题

微观经济学中有一个"比较优势"的概念，可以应用到工厂的生产规划中。在实际应用中，比较优势是指在生产中各项产品的产出能力都占据劣势的公司，也可以具有比较优势的产品，生产这种产品仍然可以让公司在自由竞争的市场中立足。比较优势也很好地解释了为什么很多小企业能够和大企业进行不同的分工合作。

2.4.1　如何找到比较优势

有两家食品公司，一家大公司，一家小公司，两家公司都只生产牛肉和土豆。大公司一天能生产 4 吨牛肉，8 吨土豆；小公司一天能生产 2 吨牛肉，6 吨土豆。食品可以自由交换，并且牛肉和土豆不允许从外部引进。大公司和小公司应如何安排生产呢？

2.4.2 分析实际问题

首先，用表格简化问题。

根据问题中的各项信息可以列出表 2-4，在表 2-4 中可以看到两家公司在牛肉和土豆产能上的对比，大公司在生产上完全占据优势，小公司处于劣势。

表 2-4 两家公司生产能力表

	牛肉	土豆
大公司	4 吨 / 天	8 吨 / 天
小公司	2 吨 / 天	6 吨 / 天

其次，找到各个事物之间的线性关系。

在这个问题中，线性关系比较隐蔽，因为对于大公司和小公司来说，无论产能如何，每天的资源都是有限的，产能也有限制。因此可以知道，无论是大公司还是小公司，每天生产的牛肉越多，生产的土豆就越少，反之亦然。

从表 2-4 中可以发现，对于大公司来说，由 8÷4=2 可知，生产 1 吨牛肉，就要少生产 2 吨土豆，对于小公司来说，由 6÷2=3 可知，生产 1 吨牛肉，就要少生产 3 吨土豆。也就是说，每天生产牛肉的增加量和生产土豆的减少量之间存在固定的比例关系。显然，对于大、小公司来说，每天生产牛肉的量和生产土豆的量具有线性关系。

2.4.3　求解最优方案

由于生产牛肉的数量和生产土豆的数量之间存在线性关系。可知大公司每天生产 4 吨牛肉时，就不能生产土豆，而生产 8 吨土豆时，就不能生产牛肉。小公司每天生产 2 吨牛肉时，就不能生产土豆，或者一天生产只 6 吨土豆，而不生产牛肉。

不妨假设用 x 表示每天生产土豆的数量，用 y 表示每天生产牛肉的数量，根据上述信息，用两条直线分别表示两家公司中土豆和牛肉之间的线性关系，如图 2-6 所示。

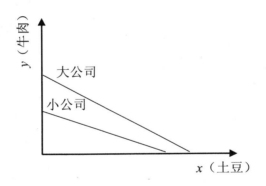

图 2-6　两家公司生产牛肉、土豆的线性关系

从图 2-6 中也可以看出，大公司直线完全在小公司直线的上方，表示在产能上完全占据优势，只是两条直线的倾斜程度不同。由于市场可以自由交换，并且公司的产能是有限。

大公司在考虑生产计划时，会选择将公司的全部产能放在生产牛肉上，因为对大公司来说，多生产 1 吨牛肉，只需少生产 2 吨土豆，而小公司多生产 1 吨牛肉，则需要少生产 3 吨土豆。显然，相对牛肉来说，大公司生产的成本比小公司低，大公司在牛肉生产上不仅具有产能优势，还具有比较优势。

小公司每多生产 3 吨土豆，才少生产 1 吨牛肉，大公司多生产 2 吨土豆，才少生产 1 吨牛肉，显然，相对土豆来说，小公司的生产成本要比大公司低，这说明小公司在土豆生产上具有比较优势。

总结起来，可以得到一个"默契"的现象。大公司在具体的产能上完全占据优势，却只生产牛肉，对于土豆来说，可以通过市场交换从小公司获得。小公司各方面都处于劣势，如果能够专注于生产土豆，不用担心受到大公司的挤压。

相反，小公司从大公司获得牛肉，并用自己生产的土豆交换。可以得到互惠互利双赢的局面。所以，市场贸易的双方是否能够获利，需要通过比较优势衡量，而不是通过绝对优势。

第三章

运筹学在运输中的应用

运输也是运筹学应用的一个重要场景。在运输过程中，需要将物资从仓库中运到目的地，仓库可能有几个，目的地也不止一处。并且仓库到目的地的距离也各不相同。此外，还有运输工具也不同，不同的运输工具运输量和耗油量也各不同。现在物流越来越发达，运筹学对运输的作用也越来越明显。

3.1 快递包裹选择耗油最小的运输工具

选择运输工具是运输过程中最简单也最基本的一个运筹学问题。因为不同的运输工具耗油量不相同，有的运输工具运输量大，但是耗油较多；有的虽然耗油较少，但是运输量也小。不同运输工具的运输速度、成本也各不相同。为了完成运输任务，并尽可能地压缩成本，如何搭配使用运输工具是我们需要考虑的问题。

3.1.1 如何选择运输工具？

在每年的"双 11"过后，物流系统的运输量会出现一个高峰期，堆积如山的包裹急需运送到不同的目的地。现有 172 吨快递包裹需要从石家庄运往北京，大卡车的载重量是 5 吨，小卡车的载重量是 2 吨，大卡车与小卡车每车每运输一次的耗油量分别是 10 升和 5 升，如何选派车辆才能使运输耗油量最少？需耗油多少升？

3.1.2 分析实际问题

首先，可以用表格简化问题。

根据大卡车和小卡车每车每次的耗油量和载重量，得到表 3-1。

表 3-1 大、小卡车的运输情形表

	耗油量（升）	载重量（吨）
大卡车	10	5
小卡车	5	2

其次，分析各个事物之间的线性关系。

对于大卡车来说，车辆数和耗油量之间是线性关系，车辆数越多，耗油量也就越多。

总耗油量＝运输次数 × 单次耗油量，车辆数和运输量之间也是线性关系，车辆数越多，运输量也就越多。

运输量＝运输次数 × 载重量。对于小卡车来说，同样也是如此。

最后，分析这个问题的目标和条件。

要将快递的包裹全部从石家庄用两种卡车运到北京，可知大卡车和小卡车的总运输量不能少于 172 吨，因为需要考虑最后一辆卡车没有装满的情况，可知问题的条件如下：

大卡车的运输量和小卡车的运输量之和大于或等于 172 吨。

由于问题要求的是耗油量最小的运输方案，即目标是尽可能地让两种卡车的总耗油量达到最小。即大、小卡车耗油量之和越小越好。

3.1.3 建立数学模型

首先，根据未知信息设置未知数。

问题中未知的应该是安排多少辆大、小卡车参与运输。因此，不妨假设安排大、小卡车分别是 x、y 辆。可以得到大卡车的耗油量是 $10x$ 升，运输量是 $5x$ 吨，小卡车的耗油量是 $5y$ 升，运输量是 $2y$ 吨。

其次，用数学式表达条件和目标。

根据条件，所有卡车的运输量不能小于 172 吨，得到数学模型中的条件：

$5x+2y \geq 172$。

考虑到目标是大、小卡车的耗油量之和，并且越小越好，得到数学模型的目标是：

$10x + 5y$，并求最小值。

最后，考虑未知数所要满足的基本条件。

需要考虑安排大、小卡车的数量不能小于 0，并且必须是整数。数学模型中的基本条件如下：

x，$y \geq 0$，x，y 是整数。

综上所知，得到线性规划问题的数学模型如下：

目标：$10x + 5y$，求最小值；

条件：$5x+2y \geq 172$；

   x，$y \geq 0$；

   x，y 是整数。

3.1.4 求解最优方案

由于是线性规划问题，可以用图解法求解最优解决方案。

首先，画出方案的选择范围。

画出关于 x（大卡车的数量）和 y（小卡车的数量）之间的坐标系。根据坐标系，在坐标中画出直线 $5x + 2y = 172$，用实线表示。根据条件：

$10x + 5y \leqslant 172$；

直线的上方区域（阴影部分）即为要求的最优方案的范围，如图 3-1 所示。

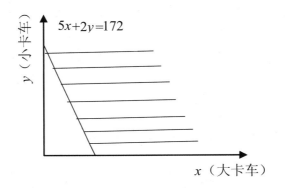

图 3-1　最优方案的可选范围

其次，用虚线表示目标 $10x + 5y$。

在图 3-2 中将目标 $10x + 5y$ 表示为图中的虚线，移动表示目标的虚线，可以发现移动到两条直线的交点 A 时，目标 $10x + 5y$ 的值达到最小。并且也在范围之内。也就是说，A 点表示的解即为线性规划问题的最优解。

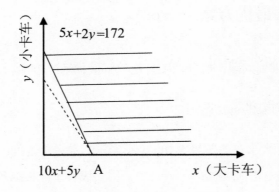

图 3-2　汽车运输的线性规划

最后，求得最优解决方案。

既然已经能够确定在 A 点时目标值会达到最小，求 A 点的坐标值即可。由于 A 点是直线 $5x+2y=172$ 和 x 轴的交点，可知 $y=0$，$x=34.4$，即 A 点的坐标为（34.4，0）。发现最佳解决方案并不满足 x，y 都是整数的条件，因为在实际运输过程中，不可能有 34.4 辆大卡车。

得到不是整数的最优解决方案，我们该怎么办呢？

3.1.5　解决整数规划问题

在实际应用的过程中，按照图解法求解线性规划问题的最优解决方案时，有时求得的结果中包含小数，条件要求则是整数。对于这些要求最优解必须是整数的线性规划问题，运筹学上称为整数规划问题。整数规划问题是比较特殊的线性规划问题。

对于整数规划问题的求解，如果按照图解法求得的最优解有小数，需要进行处理，才能求得最终符合整数条件的最优解决方案。可以按照分支定界的方法进行处理，分支就是将规划问题细分为两个小的规划问题，定界就是进一步压缩未知数的选择范围。

上面问题的最优解决方案：

$x = 34.4$，$y = 0$

由于 x 是小数，不符合整数条件，虽然我们不能确定 x 的具体值，但可以排除掉 $34<x<35$ 这个范围，因为这个范围内都是小数。因此，可以得到 x 的选择范围是：

$x \geqslant 35$ 和 $x \leqslant 34$

这就是压缩未知数选择范围的过程，也就是定界的过程。

根据上面确定的 x 的选择范围，将 $x \geqslant 35$ 和 $x \leqslant 34$ 当作两个条件分别加入原来的数学模型之中，得到两个小的规划问题的模型，也就是分支的过程。两个小问题如下：

问题（1）

目标：$10x + 5y$，求最小值；

条件：$5x+2y \geqslant 172$；

   $0 \leqslant x \leqslant 34$，$y \geqslant 0$；

   x，y 是整数。

问题（2）

目标：$10x + 5y$，求最小值；

条件：$5x+2y \geq 172$；

$x \geq 35$，$y \geq 0$；

x，y 是整数。

最后，分别求解这些问题，通过比较，即可得到符合整数条件的最优解决方案。

对问题（1），同样可以用图解法求解。可以发现，x 的范围比原来小，也就是需要在图 3-1 中加入 $x \leq 34$ 这一条件。其中问题（1）的最优方案的可选范围变为直线 $5x+2y=172$ 和直线 $x=34$ 的中间阴影部分，如图 3-3 所示。

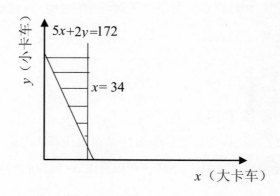

图 3-3　问题（1）中最优方案的可选范围

在图 3-3 中也可以用虚线将问题（1）的目标 $10x + 5y$ 表示出来，可以上下移动。通过移动虚线可以发现，将代表目标的虚线移动到图中直线 $5x+2y=172$ 与 $x=34$ 的交点，即 A_1 点，这时整个目标值达到最小，A_1 点的坐标表示问题（1）的最优解决方案，如图 3-4 所示。

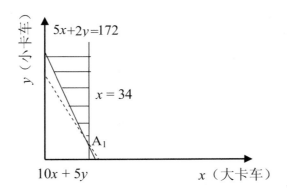

图 3-4　问题（1）的线性规划

考虑到 A_1 点是直线 $5x+2y=172$ 和 $x=34$ 的交点，将 $x=34$ 代入 $5x+2y=172$ 中，可以得到 $y=1$，即 A_1 点的坐标是（34，1），目标 $10x+5y$ 的值是 345。由于要求最优解决方案中的所有数必须是整数，满足所有条件。所以 $x=34$，$y=1$ 问题（1）的最优解决方案，且目标值达到最小，是 345。

也可以求得线性规划问题的最优解是 $x=4$，$y=12$。此时的目标值能达到最大：$17x+9y=176$。并且 x 和 y 也满足必须都是整数的条件。

对于问题（2），同样可以按照图解法求得最优解决方案。问题（2）相较原来的问题需要考虑 $x \geq 35$ 的条件，可以在图 3-1 中加入这一条件。其中直线表示 $x=35$，该直线右边和 x 轴上方的阴影部分是问题（2）最优解决方案的选择范围，如图 3-5 所示。

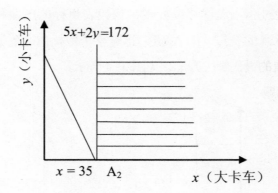

图 3-5　问题（2）中最优解决方案的选择范围

将目标 $10x + 5y$ 用虚线表示，加入图 3-5 中上下移动。这时可以发现，当移动到直线 $x=35$ 和 x 轴的交点 A_2 点时，目标达到最小值，A_2 点的坐标即为问题（2）的最优解决方案，并且方案在选择范围之内，如图 3-6 所示。

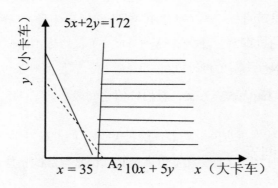

图 3-6　问题（2）的线性规划

根据上面的分析可知，A_2 点是直线 $x=35$ 与 x 轴的交点，得到 $y=0$。因此，A_2 点的坐标是（35，0）。即 $x=35$，$y=0$ 是问题（2）的最优解决方案，此时目标 $10x+5y$ 的值达到最小，最小值为 350。显然，此时的最优解符合整数条件。

至此，已经分别求出问题（1）和问题（2）的最优解决方案，并且都满足整数条件。因此，可以在两种方案中选择一种作为最终方案。通过比较这两种方案目标值的大小可知，问题（1）的目标值是 345，问题（2）的目标值是 350，可知问题（1）是最优方案，即 $x=34$，$y=1$。

因此，此次运输可安排 34 辆大卡车和 1 辆小卡车，能够使运输过程的耗油量达到最低，是 345 升。

3.2 经销商安排利润最大的运输计划

运输是商品销售中的重要一环。商品销售商品时需考虑安排什么样的运输计划能够使销售的利润达到最大。由于仓库位置固定且种类繁多，不同的商品需要运往不同的地方进行销售，由于市场也会存有差别。运到不同地方需要的运输成本也不同。因此，如何将商品运到合理的地方进行销售，从而获得最大利润，这可以看作是一个典型的运筹学问题。

3.2.1 如何安排运输计划

快到年底了，某家电经销商的仓库中仍然积压一批电冰箱，这批电冰箱共 120 台。为清理库存，经销商打算薄利多销，将这批电冰箱运到 A 地、B 地进行销售。通过事先的市场调研发现，A、B 两地市场对电冰箱的总需求分别是 95 台和 50 台。

其中，一台电冰箱在 A、B 两地成功卖出后得到的利润分别是 260 元和

300 元。由于电冰箱在运输过程中也会产生成本，运输一台电冰箱到 A、B 两地的成本分别是 10 元和 20 元，总运费不能超过 1500 元。请问，该经销商应该怎样安排运输计划，才能使产品销售纯利润达到最大。注意，纯利润是总的销售利润减去总的运输成本。

3.2.2　分析实际问题

首先，用表格简化问题。

根据 A、B 两地每台电冰箱的销售利润和运输成本，以及市场对电冰箱的总需求，可以得到表 3-2。

表 3-2　电冰箱的销售情况表

运输目的地	每台利润（元）	每台运输成本（元）	市场需求（台）
A 地	260	10	95
B 地	300	20	50

其次，分析各个事物之间的关系。

电冰箱被运往 A、B 两地进行销售，由于薄利多销，只要在当地市场的需求以内，运来的电冰箱一定能够销售完。因此，运往两地的电冰箱数量和对应的电冰箱销售量可以完全相等；对于 A、B 两地来说，运来的电冰箱数量和当地销售电冰箱带来的利润是线性关系，运来的电冰箱越多，卖出去赚得的利润越大。

对于两地来说，运输成本和运输电冰箱的数量也是线性关系，运输的电冰箱数量越多，运输所耗费的总成本越大。

最后，找到问题的限制条件和目标。

一个特别明显的限制条件是运往 A、B 两地的电冰箱总量必须在库存量以内。因此得到问题的第一个条件：

（1）运往 A 地的电冰箱数量和运往 B 地的电冰箱数量之和不能超过库存电冰箱数量，即不超过 120 台。

由于此次运输有总运费的限制，包括将电冰箱从仓库运到 A、B 两地的费用，因此得到问题的第二个条件：

（2）将电冰箱运往 A、B 两地的运输费用之和不能超过运费限制，即不超过 1500 元。

由于运到 A、B 两地的电冰箱数量不能超过市场需求，也可以得到下面两个条件：

运往 A 地的电冰箱数量不能超过 A 地的市场需求，即不能超过 95 台；

运往 B 地的电冰箱数量不能超过 B 地的市场需求，即不超过 50 台。

由于问题的目标是获得最大纯利润，此处的纯利润应该是销售利润减去运输成本所得。因此，问题的目标是：A 地和 B 地销售电冰箱带来的纯利润，且目标值越大越好。

3.2.3　建立数学模型

首先，根据未知信息设置未知数。

在这一问题中，未知的信息包括从仓库运输到 A、B 两地进行销售的电冰箱数量。因此，可以假设从仓库运出 x 台电冰箱到 A 地销售，y 台电冰箱到 B 地销售。

得出运到 A 地的运费成本是 $10x$ 元，利润是 $260x$ 元；同样可以得出，运到 B 地的运费成本是 $20y$ 元，利润是 $300y$ 元。

其次，用数学式表达问题中的目标和条件。

因为运到 A、B 两地的电冰箱数量之和不能超过 120 台，可以得到数学模型中的第一个条件：

（1）$x + y \leq 120$；

运到 A、B 两地的运输成本之和不能超过 1500 元，可以得到数学模型中的第二个条件：

（2）$10x + 20y \leq 1500$；

根据运到 A、B 两地的电冰箱数量不能超过 95 台和 50 台。得到条件为 $x \leq 95$，$y \leq 50$。为使电冰箱的销售纯利润最大。电冰箱在 A、B 两地销售的纯利润如下：

$260x - 10x = 250x$

$300y - 20y = 280y$

总的纯利润为 $250x + 280y$，得出数学模型中的目标：

$250x + 280y$，求最大值。

最后，考虑未知数需要满足的基本条件。

在这一问题中，电冰箱的计量单位是台。因此，电冰箱的数量应该是整数，且不能小于 0，可以得出数学模型中关于未知数的基本条件：

x，$y \geq 0$，且 x，y 都是整数。

综合起来，可以得到数学模型如下：

目标：$250x + 280y$，求最大值。

条件：（1）$x + y \leq 120$；

（2）$10x + 20y \leq 1500$；

$0 \leq x \leq 95$，$0 \leq y \leq 50$；

x，y 是整数。

3.2.4 求解最优方案

由于这是一个整数规划问题，先用图解法求得其最优解决方案。如果最优解中包含小数，可用分支定界法处理，直到得出符合整数条件的最优解为止。

首先，画出方案的选择范围。

画出横轴是 x（运往 A 地的电冰箱数量）、纵轴是 y（运往 B 地的电冰箱数量）的坐标系，画出直线 $10x + 20y = 1500$、直线 $x + y = 120$、$x = 95$、$y = 50$，这些直线都用实线表示。考虑到模型中的各个条件，可知这些直线和坐标系围成的区域即为要求的最优方案的范围，也就是图中的阴影部分，如图 3-7

所示。

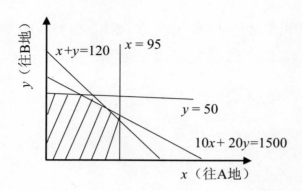

图 3-7　最优解决方案的选择范围

其次，用虚线表示目标 $250x + 280y$。

用虚线表示规划问题的目标 $250x+280y$，虚线可以上下移动，由于需要求目标的最大值。因此应尽可能将虚线向上移动。如图 3-8 所示。当移动到 A 点时，目标值达到最大，这时 A 点的坐标即为这一线性规划问题的最优解决方案。

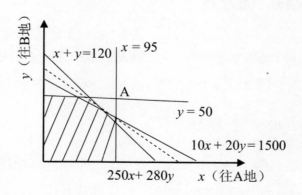

图 3-8　最大利润运输计划的线性规划

最后，得到问题的最优解决方案。

由于 A 点是直线 $x + y = 120$ 和 $10x + 20y = 1500$ 的交点，通过联立方程可以得到 A 点的坐标是（90，30），

即 $x = 90$，$y = 30$。

可知 x，y 满足包括整数条件在内的所有条件。因此，这个数学模型的最优解就是 $x = 90$，$y = 30$，此时目标 $250x + 280y$ 的最大值为：$250 \times 90 + 280 \times 30 = 30900$。

结合原来的实际问题，可以得出经销商的最佳运输计划：分别将 90、30 台电冰箱运到 A、B 两地销售，这时获得的纯利润最大，最大纯利润是 30900 元。

3.3 快递运输选择距离最短的运输路线

运输线路的选择是快递运输中需要重点考虑的问题。例如，一批货物要从北京运到上海，有两条运输线路可供选择，一是用汽车运输，沿京沪高速到上海，二是先将货物用汽车运到天津，再走水路到上海。第一条路线的距离更短，在地图上看起来也更直接。第二条路线地图上看起来较绕，距离也更长。很多时候，在选择路线时比这个例子要复杂得多，如何找到两地之间的最短运输路线，其实也是运筹学中的一类问题，是关于图形的问题。

3.3.1 如何选择运输路线

随着物流系统的完善和电子商务的发展，"最后一公里"的物流难题正

在逐渐得到解决，越来越多远离城市中心的乡镇也感受到网上购物的便捷。有一批快递需要从 A 点，运到 F 点。从 A 点到 F 点之间还有其他快递站。如 B、C、D 和 E，如图 3-9 所示。图中带有箭头的实线表示这批快递可能的运输路线，线上的数字为两点之间的距离，单位是千米。

已知这些运输线路都是普通公路，快递运输车辆在这些线路上面的行驶速度都是 20 千米 / 小时。快递中转站（A 点）的工作人员应该怎样规划运输线路，才能在最短的时间内送到目的站（F 点）呢？

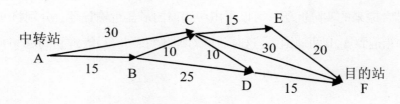

图 3-9　快递的运输路线图

3.3.2　分析实际问题

这个问题和前面的规划问题截然不同，因为规划的是具体运输路线。因此并不是线性规划类问题，这涉及运筹学中一个新的知识点——图论，即和图形相关的理论。无论是线性规划还是图论，我们目的都是求得最优的解决方案，在这个问题中就是求得用时最少的运输路线。

分析这类实际问题时，首先是将实际问题转化为图论问题。在实际应用过程中，主要考虑的图论问题有两种：一是求两点之间最短或最长路径，二是求将所有的点连接起来最短的连接线路。

再回过头来看这个问题，要想让快递从中转站（A 点）用最短的时间运输到目的站（F 点）的时间最短，因为所有路线上的行驶速度都一样，就可以得到：只要找到从中转站（A 点）到目的站（F 点）的最短路径，使快递沿着最短路径运输，此时可以使运输过程的用时最少。

因此，这个问题的本质就是找到图 3-9 中从 A 点到 F 点长度最短的路径，长度即线路上各点之间的距离之和，单位是千米。

3.3.3　寻找最短路径的方法

现在，原来的问题已经变为运筹学中一个单纯的图论问题，即寻找图 3-9 中从 A 点到 F 点之间的最短路径。应如何寻找从 A 点到 F 点的最短路径呢？

对于这个问题，常用的方法有两种，一是枚举法，也就是枚举出两点之间的每一条路线，然后比较这些路线的长度，从中找出长度最短的；二是运筹学中的迪杰斯特拉算法，比枚举法效率更高，能够帮助我们更快地找到两点之间的最短路径。

方法一：枚举法

找出从 A 点到 F 点的每条路线，再比较各自的长度，选择长度最短的那条。根据图 3-9 可以发现，从 A 到 F 的路线分为两种情况：

（1）从 A 到 B，再经过其他点到 F；这时可以得到从 A 点到 F 点的路线有以下四条，并且能够得到各条路线的长度。

A—B—D—F，长度是 55；

A—B—C—D—F，长度是 50；

A—B—C—F，长度是 55；

A—B—C—E—F，长度是 60。

（2）从 A 到 C，再经过其他点到 F；这时可以得到从 A 点到 F 点的路线有以下三条，并且能够得到各条路线的长度。

A—C—D—F，长度是 55；

A—C—F，长度是 60；

A—C—E—F，长度是 65。

再比较以上这些路线的各自长度，可以发现，长度最短的路线是 A—B—C—D—F，长度是 50。再回到原来的实际问题中便可以得到，这批快递的运输路线应从中转站（A 点）出发，依次经过 B、C 和 D 三个快递站，最后达到目的站（F 点），这条路线的距离是 50 千米，这时运输时间最短。

方法二：迪杰斯特拉算法

迪杰斯特拉算法是一种层层推进的方法，能帮助我们避免枚举法中许多不可能是最短路径的情况。

例如，在枚举时可以发现，A—B—C—D—F（长度是 50）和 A—C—D—F（长度是 55）这两条路线中，前者比后者要长，这也就说明后者不再可能是从 A 点到 F 点的最短路径了。细究原因，便可以发现在这两路线中，A—B—C 的长度比 A—C 的长度小 5，也就是从 A 到 B 再到 C 的长度比从 A 直接到 C 更短。进一步来说，可以得到所有包含 A—C 的线路都不可能是最短路径，例如，

A—C—F 不可能是最短路径，A—B—C—F 也不可能等。

同样，A—B—C 也是从 A 点到 C 点的最短路径，而 A—C 却不是。因此，可以得出如果这条线路不是其起点到终点的最短路径，那么包含这条线路的其他线路就不可能是最短线路。例如，A—C 不是从其起点（A 点）到终点（C 点）的最短路径，因此，A—C—F、A—C—E—F、A—C—D—F 都不可能是从 A 点到 F 点的最短路径。

再来看从 A 点到 B 点再经过其他点到 F 点的四条路线，可以发现，它们的不同点在于从 B 点到 F 点的路线不同，各自的路线和长度依次是：B—D—F，长度是 40；B—C—D—F，长度是 35；B—C—F，长度是 40；B—C—E—F，长度是 45。从这里也可以看出，从 B 点到 F 点的最短路径是 B—C—D—F，长度是 35。而这条线路也包含在从 A 点到 F 点的最短路径 A—B—C—D—F 中。

总结起来，可以得出一条最短路径往往是由一段段的最短路径组成。例如，A—B—C—D—F 这条从 A 点到 F 点的最短路径中，其中任何一小段路线都是其起点到终点的最短路径。对于那些不在最短路径之中的连线，也不可能包含在其他的最短路径中。例如 A—C，不包含在最短路径 A—B—C 中，那么 A—B 也就不可能包含在从 A 点到 F 点的最短路径中。

因此，在求从起点到距离较远的终点的最短路径时，可以先求出从起点到较近点的最短路径，逐步进行拓展，得到从起点到较远的点的最短路径，直到找到从起点到终点的最短路径为止。对于那些已经发现的不包含在最短路径中的线路，将其从图中删去，这样即可将问题不断简化。

根据迪杰斯特拉算法，可先从最近的 B 点开始，逐步寻找从 A 点到每个点的最短路径：

優化之道：生活中的运筹学思维

对于 B 点，从图 3-9 中可以看出，从 A 点到 B 点只有一条路线，即 A—B，因此，A—B 就是从 A 点到 B 点的最短路径，长度是 15，如图 3-10 所示。

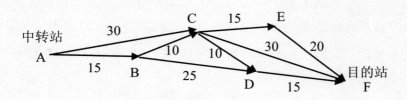

图 3-10　从 A 到 B 的最短路径 A—B

对于 C 点，从图 3-10 中可以看出，从 A 点到 C 点共有两条路径：A—C，长度是 30；A—B—C，长度是 25。比较可以得到从 A 点到 C 点的最短路径是 A—B—C，长度是 25。由于 A—C 不在最短路径中，因此，可以将 A—C 这条线从图 3-10 中删去，得到图 3-11。

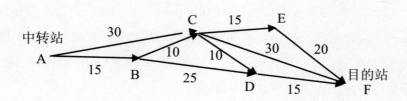

图 3-11　从 A 到 C 的最短路径 A—B—C

对于 D 点，从图 3-11 中可以看出，这时 A—C 已经删去，从 A 点到 D 点共有两条路线：A—B—C—D，长度是 35；A—B—D，长度是 40。比较后得到从 A 点到 D 点的最短路径是 A—B—C—D，长度是 35。由于 A—B—D 不是最短路径，B—D 这条线不在最短路径之中，因此，可以将 B—D 这条线从图 3-11 中删去，得到图 3-12。

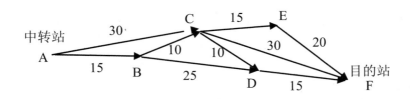

图 3-12 从 A 到 D 的最短路径 A—B—C—D

对于 E 点，从图 3-12 中可以看出，这时 B—D 也已经删去，从 A 点到
E 点已经只有一条路径，即 A—B—C—E，长度是 40。因此，从 A 到 E 的最
短路径就是 A—B—C—E，长度是 40。

对于 F 点，从图 3-12 中可以看出，从 A 点到 F 点共有三条路线：A—B—C—
D—F，长度是 50；A—B—C—F，长度是 55；A—B—C—E—F，长度是 60。
比较后得到从 A 点到 F 点的最短路径是 A—B—C—D—F，长度是 50。

再回到原来的实际运输问题中，得到最短运输线路就是从中转站（A 点），
依次经过 B、C、D 这三个快递站，最后到达目的站（F 点），这条路线的距
离是千米，运输所用的时间最短。

比较上述两种方法，可以发现，最后求得的最短路径结果是一样的。但是，
迪杰斯特拉算法能够大大减少计算的次数，是因为在计算过程中，不断地将
不在最短路径之中的连线删去，让图形变得越来越简单，需要考虑的情形也
变得越来越少。

3.4 自来水管道选择长度最小的连接线路

在运输方式中，有一种适合气体和液体的管道运输，平常生活中使用的自来水、天然气都是通过管道运输到千家万户。管道运输中最重要的事情就是规划线路，如何选择连接线路能够使管道的总长度最小，这也是管道运输过程中的一个运筹学问题。

3.4.1 如何选择连接线路

随着扶贫工作的大力开展，许多贫困山区的百姓也能用上干净的自来水。现在准备在某山区的五个居民点之间安装自来水管道，确保所有居民点都能有自来水供应。由于地形的原因，这五个居民点比较分散，有些居民点之间不能通过自来水管道直接连接。如图 3-13 所示。A、B、C、D、E 表示五个居民点，两点之间的连线表示这两个居民点之间可以安装自来水管道，连线上的数字表示两点之间的距离，单位是百米。

为了尽快通上自来水。工作人员应该如何选择连接线路，既能连接这五个居民点，线路的总长度又能达到最小。

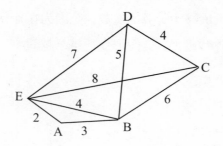

图 3-13　山区五个居民点之间的距离图

3.4.2　分析实际问题

这个问题是要求各个居民点之间的最短连接线路，线路要求将所有居民点连接起来。显然这也是运筹学中的图论问题。但这个问题和前面快递运输的问题并不一样，并不是寻找两个点之间的最短路径，这是在实际应用中的第二类图论问题，也就是求各个点之间的最短连接线路。

在五个点之间找出最短连接线路，最少只需要四条线路即可。例如，在图 3-13 中，A—B—C—D—E 就是一条将五个点连接在一起的线路，在这条线路中只有四条线，分别是：A—B、B—C、C—D、D—E。同样的，E—A—B—C—D，以及 B—A、B—E、B—D 和 B—C，这两种连接线路也可以将五个点连接在一起，这条线路中同样也只有四条线路。同时可以发现，这两条线路都不存在环路，说明要求的最短连接路线同样也不可以存在环路。对于 A—B—C—D—E—A来说，里面有一条线路是多余的。显然不是最小连接线路。

3.4.3　寻找最短连接线路的方法

由前面的分析可知，最短连接线路必然只包含四条线路。在运筹学中，有两种方法可以求解连接各点的最短连接线路，一种是普里姆算法，另一种是克鲁斯卡尔算法。

方法一：普里姆算法

这种方法的核心思想是从某一点着手，找到能够连接其他点的最短连线，并将这条连线加入最短连接线路中，依此类推，不断连接到其他点，从而得到完整的最短连接线路。例如在图 3-13 中，即可从 A 点开始，找到能够连接到其他点的最短连线，并不断连接到其他点，例如B、C、D、E点，直接将所有的点都连接起来。

因此，这个问题的具体解决思路如下：如果从 A 点着手，只需要找到连接 A 点的最短连线。从图 3-13 中可知，连接 A 点的最短线路是 A—E，它的长度是 2。因此选择 A—E 作为最短连接线路中的一条，E 点已经在最短连接线路中。然后再寻找最短的连线，这条连线可以和 A 或 E 相连，依此类推，每次都向最短连接线路中加入一个新的点，直到所有的点都能连接在一起。

根据上述思路，可按下面步骤就得到图 3-13 中的最短连接线路：

第一步 将 A 点放入最短连接线路中，从 A 点开始，如图 3-14 所示，这时还没有加入任何连线；先找到能和 A 点连接的最短连线，得到 A—E，将 A—E 加入最短连线之中，如图 3-15 所示。

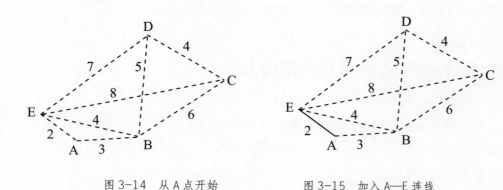

图 3-14 从 A 点开始　　　　图 3-15 加入 A—E 连线

第二步 由图 3-15 可知，A 点和 E 点都已经在最短连接线路中，B 点、C 点和 D 点不在这个线路中。再从不在最短连接线路中的连线中找出最短的，使已在线路中的 A 点或 E 点，能够连接到不在线路中的点。这时最短线路是 A—B，长度是 3，如图 3-16 所示。因为其他连线都比 A—B 要长，例如 E—B。

第三步 由图 3-16 可知，A 点、E 点和 B 点已经在线路中，C 点和 D 点还没有在线路中，再从不在线路中的连线中找出最短的，使得已经在线路中的点能够连接到不在线路中的点，可以得到 B—D，长度是 5，如图 3-17 所示。之所以选择 B—D，是因为其他线路要么不能让现在的线路和新的点相连，例如 B—E 和 C—D，要么不是最短的线路，例如 D—E 和 B—C，这两种情况都不符合要求。

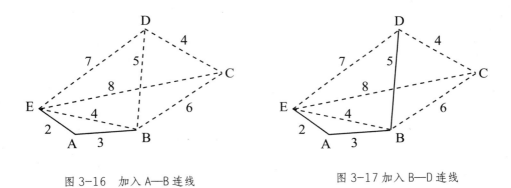

图 3-16 加入 A—B 连线   图 3-17 加入 B—D 连线

第四步 由图 3-17 可知，A 点、B 点、D 点和 E 点已经在线路中，只有 C 点未在线路中，再从不在线路中的连线中找出最短的，使得已经在线路中的点能够连接到不在线路中的 C 点，得到 D—C，长度是 4，如图 3-18 所示。至此，所有点都已在最短的连接线路中。

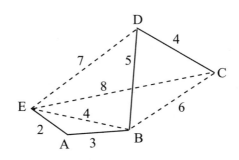

图 3-18 加入 D—C 连线

经过以上四步，所有点都已经连接在一起，这时得到的就是五个点之间的最短连接线路，也就是最短的自来水管道安装线路，即连接居民点 E 和居民点 A，连接居民点 A 和居民点 B，连接居民点 B 和居民点 D，连接居民点 D 和居民点 C，这条线路的总长度是 1400 米。

方法二　克鲁斯卡尔算法

如果说普里姆算法是从点的角度来考虑问题，从图中的某一点开始，依次找到能够连接新的点的最短连线，这些连线一起组成了所有点之间的最短连接线路。那么克鲁斯卡尔算法就是从边的角度来考虑问题，将长度较短的边尽可能地放到最短连接线路中。

例如，对于图 3-13 来说，可以选择最短的一条线路 A—E 放到最短连接线路中，再从剩下的线路中选择最短的一条，也就是 A—B 放到线路中。依此类推，直到所有点之间都能连接。

但需要注意的是，如果两点之间已经是连通的，就没有必要在方案中加入这两点之间的线路了。例如，在 A—E 和 A—B 都加入最短连接线路中，虽然 B—E 是剩下的线路中最短的两条线路之一，但是由于 B 和 E 都已经在线路中，所以这条就不能再加入，否则就是多余的了。

对于图 3-13 来说，可以通过以步骤得到五个点之间的最短连接线路：

第一步　从所有连线中选择最短的那条放入线路之中，得到 A—E，长度是 2，如图 3-19 所示。

第二步　根据图 3-19，再从不在线路之中的连线中选择最短的那条放入线路中，但要注意不能是已在线路中的两点之间的连线，得到 A—B，长度是 2，如图 3-20 所示。

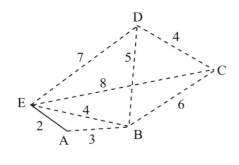

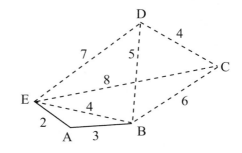

图 3-19　加入 A—E 连线　　　　　　　图 3-20　加入 A—B 连线

第三步　根据图 3-20，再从不在线路中的连线里中选择最短的那条放入线路之中，但要注意不能是已在线路中的两点之间的连线，得到 C—D，长度是 4，如图 3-21 所示。

第四步　根据图 3-21，此时 A—E、A—B 和 C—D 三条连线都已经放在最短线路中，C、D 两点和 A、B、E 三点之间还未连接。继续从不在线路中的连线中选择长度最短的那条加入线路中，得到 B—D，使五个点连接在一起，如图 3-22 所示。

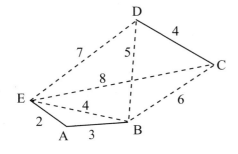

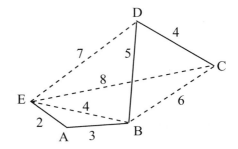

图 3-21　加入 C—D 连线　　　　　　　图 3-22　加入 B—D 连线

综合以上四步，得到自来水管道的最短安装线路：E—A—B—D—C，总长度是 1400 米。这和普里姆算法求得的最短连接线路（图 3-18）相同，说明两种方法只是过程不同，得到的结果一致。灵活运用这两种方法，基本能够解决现实生活中需要求各点之间最短连线的问题。

第四章

运筹学在商场中的应用

　　和人们日常生活息息相关的商场，在许多方面也蕴含着运筹学的原理和方法，大到商场的选址问题，小到收银员的找零问题，还有顾客的购物计划等。运筹学致力于寻求最优解决方案，和商业上追求最大利益相一致。

4.1 最大化地利用超市中的优惠券

很多超市都会给顾客提供一些优惠券。这些优惠券往往是顾客在该超市购物所得的积分或参加其他活动换来的，是超市对老顾客的一种返利优惠活动。为谨慎起见，很多超市都会对优惠券的使用进行严格地限制。例如，优惠券必须一次使用完，只能用于购买指定商品等。一位顾客拿到超市给的优惠券后，如何在规则内最大化地利用这张优惠券是一个典型的运筹学问题。

4.1.1 如何用优惠券购买最划算的商品

某大型百货超市为留住顾客，推出购物积分的返利机制，鼓励顾客办理积分卡，并能在购物时按 10∶1 的比例为顾客积分。例如，顾客购物满 100 元商品，只要在收银时报出自己的积分号即可新增 10 个积分。每张积分卡积满 50 分就能兑换，按照 5∶1 的比例兑换成相应的现金优惠券，超市共有面额为 10、20、50、100 和 200 五种面额的现金券，例如，600 积分就能兑换到面额为 100 和 20 的现金优惠券。

超市规定积分卡的积分在年底会被清零，现金优惠券在使用时只能购买总价格在面值以内的商品，并且一次购物只能使用一张，不能给现金券找零。例如，一张 10 元的现金优惠券一次只能买小于等于 10 元的商品，如果买了 9.5元的商品，用该现金优惠券结算。那么使用这张券后就作废，超市不会找零剩下的 0.5 元。

某顾客在超市使用一张新的积分卡一共消费 5000 元，用兑换得到的现金优惠券来购物，准备购买 A、B、C 三种商品，每种商品打算最多购买一件。其中，商品 A、B、C 的价格分别是 30、40、50 元一件。其中，这三种商品对顾客的价值各不相同，A 商品的价值是 4，B 商品的价值是 5，C 商品的价值是 6。这位顾客使用现金优惠券购买哪些商品最划算？

4.1.2 分析实际问题

首先，要弄清楚这位顾客会兑换到多少面额的现金优惠券。根据超市 10 ：1 的积分比例可知顾客的积分是 500 分。积分兑换规则是 5∶1，可知该顾客凭借 500 分可以兑换到一张面额 100 元的现金优惠券。顾客可用 100 元优惠券购买对自己有价值的 A、B、C 三种商品。

因为这一张面额为 100 的现金优惠券只能用于一次购物，要想最划算该顾客应尽可能地选择对自己最有价值的总价格在 100 元以内的商品，这样才能算最大化地利用现金优惠券。

这个实际问题在运筹学中属于"背包问题"的类型。简而言之，背包问题也是在有限的条件下选择最优组合方案，即有一个背包和许多价值、重量不同的物品，背包有限定的装载重量，要在限定重量内，装入哪些物品，可以使背包内各物品的总价值达到最大。"背包问题"的应用非常广泛，物流分配、资金分配、空间分配、时间分配等问题中都可以发现背包问题的身影。

例如，将一些物品装进一个大箱子中，每个物品的体积不同，我们应该如何充分利用这些有限的空间呢？在一家公司中，在掌握的资源有限的情况下，公司有许多不同的业务，各自的利润和所需的资源也不同，应该如何将有限的资源安排给足够多的业务，确保使利润最大化？

在运筹学中，这些背包问题可以用多种方法求得最佳组合方案，也就是这个实际问题中的购物方案，即购买哪些商品。

4.1.3 这是一个 0-1 规划问题

在实际问题中，每种商品最多只能购买一件，并且顾客需在 A、B、C 三种商品之间进行选择。可以采用枚举法，找到所有总花费在 100 元以内的购物方案并进行比较，找到价格最低，也就是最划算的方案。

在运筹学中，将实际问题转化成相应的数学模型时，可以用 1 和 0 分别表示"有"和"无"，或"是"和"否"。将具体的实际情况抽象成数字，方便进一步计算。在这个问题中，可以用三个未知数分别表示是否选购某件商品，假设分别用 x_1、x_2、x_3 表示是否选购商品 A、B、C，规定 x_1、x_2 和 x_3 的值是 0 或 1。因此，根据题干信息，即可得到表 4-1。

表 4-1 各种商品的价格和价值表

商品	价格（元）	价值	是否购买该商品
A	30	4	x_1
B	40	5	x_2
C	50	6	x_3

从表 4-1 可知，购买 A 商品的费用可用 $30x_1$ 表示，带来的价值可用 $4x_1$ 表示，当 x_1=1 时，说明购买 A 商品花费 30 元，带来的价值是 4，当 x_1=0 时，说明没有购买 A 商品，花费为 0，当然也就没有任何价值。同理，购买 B 商品的花费可以用 $40x_2$ 表示，带来的价值用 $5x_2$ 表示，购买 C 商品的花费用 $50x_3$ 表示，带来的价值用 $6x_3$ 表示。

这时可以用数学式将目标和条件表示出来，将实际问题转化为数学模型。这个问题的条件是使购买商品的总花费在 100 元以内，因此可以得出数学模型的条件如下：

$$30x_1+40x_2+50x_3 \leqslant 100$$

同样的，由于目标是使顾客最划算，即用现金优惠券购买商品的总价值达到最大，得到模型中的目标为：

$4x_1+5x_2+6x_3$，求最大值

再考虑三个未知数的范围，综合起来，得到这个问题的数学模型是：

目标：$4x_1+5x_2+6x_3$，求最大值；

条件：（1）$30x_1+40x_2+50x_3 \leqslant 100$；

　　　　x_1、x_2 和 x_3 = 0 或 1。

从数学模型可知，这个问题是线性规划中的整数规划问题。由于所有未知数的取值不是 1 就是 0，因此，在运筹学中这类问题也称作 0-1 规划问题。前面我们说过，这个实际问题以采用枚举法解决。其实对于绝大多数 0-1 规划问题，都可以采用枚举法，列出各个未知数所有可能的情况，从中寻找出最优解。

4.1.4　用枚举法解 0-1 规划问题

对于 0-1 规划问题，可以用枚举法迅速找到最优解决方案。从模型可知，

当 $x_1= 0$、$x_2= 0$ 和 $x_3= 0$ 时，满足所有条件。也就是说，方案是可行的，再计算得到目标值，得出 $4x_1 + 5x_2 + 6x_3 = 0$。因此，可知 0-1 规划问题的最优解的目标值一定不能小于 0。如果某个解的目标值小于 0，那么 $x_1=0$、$x_2=0$ 和

$x_3=0$ 的解决方案一定更好。因此，目标值小于 0 的解一定不是最优解。

从上面的分析可以得出，最优解必须满足 $4x_1+5x_2+6x_3 \geq 0$ 这一条件。因此，这一条件可以在枚举过程中判断这些情况是不是最优解。依此类推，每次找最优解时，目标值不能小于之前出现过的最大目标值，否则直接可以排除。

按照这样的思路：在每次枚举时，将目标值和之前的最大目标值进行比较，如果大于之前的，判断是否满足条件（1），如果满足，这种解决方案就是暂时的最优解，如果不满足，这种解决方案不可行。如果目标值比之前的最大目标小，不需要判断是否满足条件（1），这种情形一定不会是问题的最优解。

由于问题中的未知数一共有 3 个。因此，共需要枚举关于（x_1，x_2，x_3）的 8 种情形。每种情形都需要考虑是不是满足条件，是不是符合最优的特点，完成这 8 种情形的相关计算后，即可得到最优的解决方案。为了简便起见，完整的计算过程不再赘述，可以将其简化为表 4-2。

表 4-2　枚举法解决背包问题

（x_1，x_2，x_3）	目标值	当前最大目标值	条件（1）	备注
0，0，0	0	—	0	暂时最优
0，0，1	6	0	5	暂时最优
0，1，0	5	6		非最优
0，1，1	11	6	9	暂时最优
1，0，0	4	11		非最优
1，0，1	10	11		非最优
1，1，0	9	11		非最优
1，1，1	15	11	12	不可行

从表 4-2 可以看出，当枚举到（x_1，x_2，x_3）是（0，1，1）时，即 $x_1=0$、$x_2=1$ 和 $x_3=1$，这时表格中的最后一列是暂时最优解，此时的目标值最大，目标值是 11。因此，得到 0-1 规划问题的最优解是 $x_1=0$、$x_2=1$ 和 $x_3=1$。

从表格中找最优解时，可以直接找表格中最后那个暂时最优解，不用再去将目标值进行比较，这样节省了许多计算步骤，提高了解决问题的效率。

回到原来的实际问题，得出顾客应该选择用现金优惠券购买商品 B 和商品 C，这时候最划算。总花费是 90 元，获得的总价值是 11。

4.1.5　用动态规划看这个问题

除了将原来的实际问题转化成 0-1 规划问题，用枚举法找到最优解决方案之外，这个问题还可以用另外一种方法解决，那就是动态规划方法。动态规划是运筹学中的一种非常重要、能够颠覆人们正常思维的找出最优解决方案的方法。

动态规划其实也是从枚举法演变而来的，但它又不是人们平常所用到的机械的枚举法。动态规划的核心思想是将问题不断细分，然后从最细微的小问题开始着手，解决一个个小问题，并最终解决大问题。

许多人觉得动态规划很复杂，但动态规划思想却包含在最简单的计算过程中。例如，最初我们只知道数数，通过数数进行数字 1 的加法计算，如果要计算 4+5，我们该怎么办呢？

要计算 4+5，需要计算 2+2，再计算 2+3，将这两个值相加即可。但仍不知道要怎么计算，因为只知道关于 1 的计算，可以继续细分：要计算 2+2，可以先计算 1+1，再计算 1+1，然后将这两个数的值相加。同样的，要计算 2+3，也可以先计算 1+1，再计算 1+1+1。综合起来，4+5 的问题变成了 1+1+1+1+1+1+1+1+1，这个式子中只包含数字 1，就算只知道数数需要，也能从 1 数到 9，从而得出 4+5 的结果是 9。

優化之道：生活中的运筹学思维

再来看这个问题，对于选购哪些商品，需要在不超过现金优惠券面额的基础上达到最大价值。可以通过两个步骤求出最佳购物方案：先将问题进行细分，然后从最小的问题开始着手。

首先，将这个问题进行细分。

由于只有三种商品，并且每种商品最多只能购买一件。因此，这个问题中最优的购买方案一定是以下三种情形：购买了 A 商品、购买了 B 商品，或者购买了 C 商品，可知最优购买方案一定是这三个小问题的最优解，如图 4-1 所示。但需要注意的是，一种商品最多只能购买一件。

（1）先购买价格为 30 元的 A 商品，再购买总花费不超过 70 元的商品，让这些商品的总价值最大？

（2）先购买价格为 40 元的 B 商品，再购买总花费不超过 60 元的商品，让这些商品的总价值最大？

（3）先购买价格为 50 元的 C 商品，再购买总花费不超过 50 元的商品，让这些商品的总价值最大？

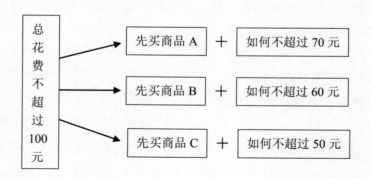

图 4-1　现金优惠券购物规划问题的细分

其次，从最小的问题开始着手。

比较上面细分得到的（1）、（2）、（3）三个小问题可以发现，问题（3）是最容易解决的，问题（3）只需考虑怎样购买总价格不超过50元的商品即可，问题（1）和（2）需要考虑的范围都比50元要大。因此，问题（3）是所有细分问题中最小的，在动态规划中，根据问题考虑范围按照从小到大的顺序依次解决。因此，解决细分得到的三个问题的顺序是（3）、（2）、（1）。

对于问题（3），购物车中已经放了价格是50元的商品C，价值是6。需要继续考虑如何购买总价格不超过50元的商品，使得它们的总价值最大。可选择购买商品A或商品B。此时用50元选择购买商品B是最好的选择，商品B的价值是5。因此，可以得到问题（3）的最优解决方案是购买商品B和商品C，总价值是11。

对于问题（2），购物车中已经放了价格是40元的商品B，价值是5。需要继续考虑如何购买总价格不超过60元的商品，使得它们的总价值最大。可选择购买商品A或商品C。此时用60元选择购买商品C是最好的选择，商品C的价值是6。因此，可以得到问题（2）的最优解决方案是购买商品B和商品C，总价值是11。

对于问题（1），购物车中已经放了价格是30元的商品A，价值是4。需要继续考虑如何购买总价格不超过70元的商品，使得它们的总价值最大。可选择购买商品B或商品C。此时用70元选择购买商品C是最好的选择，商品C价值是6。因此，可以得到问题（1）的最优解决方案是购买商品A和商品C，总价值是10。

综合分析以上三种情况，比较它们各自的最优解决方案，可以发现问题（3）和问题（2）的最优方案的总价值最大，可得出最优解决方案就是选购商品B

和商品 C。此时，顾客能最大化地利用现金优惠券，获得的总价值是 11。和用枚举法求得的最佳购物方案一致。

4.2　新建商场应该如何选址

无论是超市、餐饮店、服装店还是培训机构，管理者为了扩大规模、开拓市场，往往需要开新的分店或分部。这些分店、分部如何选择合适的地址，如何获得更大的市场价值，需要从各个方面进行衡量。例如，投资成本、预计利润、交通环境等。可以说选址也是一个运筹学方面的问题。

4.2.1　如何合理地新建商场和仓库

假设某商业公司计划新建 1 ~ 2 个大型商场，地点选择在 A 地和 B 地。此外，该公司还计划在 A 地或 B 地新建 1 个仓库，为了节省运输费用，方便运输和管理，仓库只能建立在有商场的地方，若该地没有商场，则不需要建立仓库。

经过调查，在 A 地新建商场的投资成本需要 12 百万元，得到的收益是 3 百万元；在 A 地新建仓库的投资成本需要 10 百万元，得到的收益是 2 百万元；在 B 地新建商场的投资成本需要 6 百万元，得到的收益是 2 百万元；在 B 地新建仓库的投资成本需要 8 百万元，得到的收益是 1 百万元。

已知公司的总投入是 26 百万元，应该如何确定新商场和新仓库的位置，才能使收益达到最大。

4.2.2 分析实际问题

在这个问题中，最终需要确定的无非是在 A、B 两地中哪里新建商场，哪里新建仓库。可以用"1"表示选择，用 0 表示不选，因此，可将这个实际问题转换为 0-1 规划问题。

首先，设置未知数，简化问题。

不妨假设，是否在 A 地新建商场用 x_1 表示，是否在 A 地新建仓库用 x_2 表示，是否在 B 地新建商场用 x_3 表示，是否在 B 地新建仓库用 x_4 表示，其中，x_1、x_2、x_3 和 x_4 是 0 或 1。根据题干信息，可以得到表 4-3。

表 4-3　新建商场和仓库的成本和收益表

地点	项目	投资成本 （百万元）	收益 （百万元）	是否新建
A 地	商场	12	3	x_1
	仓库	10	2	x_2
B 地	商场	6	2	x_3
	仓库	8	1	x_4

根据表 4-3 可知，在 A 地新建商场的投资成本是 $12x_1$ 百万元，收益是 $3x_1$ 百万元；在 A 地新建仓库的投资成本是 $10x_2$ 百万元，收益是 $2x_2$ 百万元。同样的，在 B 地新建商场的投资成本是 $6x_2$ 百万元，收益是 $2x_2$ 百万元；在 B 地新建仓库的投资成本是 $8x_4$ 百万元，收益是 x_4 百万元。

其次，用数学式列出 0-1 规划问题的条件和目标。

在这个问题中，新建商场和新建仓库最后得到总收益是 $3x_1+2x_2+2x_3+x_4$，单位是百万元，这也是 0-1 规划问题的目标，目标值越大越好。另外，总的投入是 2600 万元，可知新建商场和仓库的总投资不能超过 2600 万元，可以得到条件（1）：

$$12x_1 + 10x_2 + 6x_3 + 8x_4 \leq 26$$

根据新建商场的数量不能超过 2 个，可以得到条件（2）：

$$x_1 + x_3 \leq 2$$

根据新建仓库的数量只能是一个，可以得到条件（3）：

$$x_2 + x_4 = 1$$

由于 x_1 和 x_3 不是 0 就是 1，因此可知条件（2）：$x_1 + x_3 \leq 2$ 必然成立，可以不用考虑。总结起来，这个 0-1 规划问题只需考虑两个条件：

条件：（1）$12x_1 + 10x_2 + 6x_3 + 8x_4 \leq 26$；

（2）$x_1 + x_3 \leq 2$；

（3）$x_2 + x_4 = 1$；

x_1、x_2、x_3 和 x_4 是 0 或 1。

4.2.3　用枚举法解 0-1 规划问题

在 0-1 规划问题中可以发现，共有四个未知数。因此，枚举共有 16 种情形需要考虑。如果直接枚举会比较复杂。可以仔细分析这两个条件，将问题简化后再进行枚举。

可以发现，条件（3）$x_2 + x_4 = 1$ 其实是 x_2 和 x_4 这两个未知数中只能有一个

是 1。根据这一条件，能得出以下两种情形

情形一：$x_2 = 1$，$x_4 = 0$

情形二：$x_2 = 0$，$x_4 = 1$。

但是，对于 x_1、x_3，仍要枚举所有情形，共有 4 种情形。总结起来，0-1 规划问题只需枚举 8 种情形即可。这时，0-1 规划问题已经变得比较简单。

由于 x_2 和 x_4 只有两种情形，可根据这两种情形进行计算，得到两个更简单的 0-1 规划问题，然后从这两种情形中寻找最合适的，不妨假设 $x_2 = 1$，$x_4 = 0$，可以将原来的 0-1 规划问题简化为一个只含有 x_1 和 x_3 两个未知数的问题：

目标：$3x_1 + 2x_3 + 2$，求最大值。

条件：（1）$12x_1 + 10 + 6x_3 \leq 26$；

x_1、x_3 是 0 或 1。

对于这个问题，可以枚举（x_1，x_3）的各种情形，并且不断将目标值和之前的最大目标值进行比较。例如，当 $x_1 = 0$，$x_3 = 0$ 时，目标值是 2，符合条件（1），是一个暂时最优解。接下来考虑 $x_1 = 0$，$x_3 = 1$，这时先计算目标值，得到目标值是 4，比之前的目标值 2 更大，也符合条件（1），因此，这个问题暂时的最优解应该是这种情形。依此类推，得到的计算过程和结果见表 4-4。

表 4-4　当 $x_2 = 1$，$x_4 = 0$ 时，枚举（x_1，x_3）的四种情形

（x_1，x_3）	目标值	当前最大目标值	条件（1）	备注
0，0	2	—	10	暂时最优
0，1	4	2	16	暂时最优
1，0	5	4	22	暂时最优
1，1	7	5	28	不可行

优化之道：生活中的运筹学思维

从表 4-4 可以看出，表中的最后一个暂时最优解是 $x_1 = 1$，$x_3 = 0$，这说明这个问题的最优解是 $x_1 = 1$，$x_3 = 0$，此时的目标值 $3x_1 + 2x_3 + 2$ 达到最大，最大值是 5。但是还需要考虑到 $x_2 = 0$，$x_4 = 1$ 时的四种情形。

假设 $x_2 = 0$，$x_4 = 1$，代入原来的 0-1 规划问题中，可以得到下面这个 0-1 规划问题：

目标：$3x_1 + 2x_3 + 1$，求最大值。

条件：（1）$12x_1 + 6x_3 + 8 \leqslant 26$；

x_1、x_3 是 0 或 1。

对于这个问题，同样可以枚举（x_1，x_3）的各种情形，并且不断将目标值和之前的最大目标值进行比较。例如，先计算 $x_1 = 0$，$x_3 = 0$ 时的目标值，发现这种情况符合条件（1），得出 $x_1 = 0$，$x_3 = 0$ 是暂时的最优解。之后，在枚举到 $x_1 = 0$，$x_3 = 1$ 时，需要与之前的目标值进行比较。再依此类推，得到整个计算过程和计算结果见表 4-5。

表 4-5　当 $x_2 = 0$，$x_4 = 1$ 时，枚举（x_1，x_3）的四种情形

（x_1，x_3）	目标值	当前最大目标值	条件（1）	备注
0，0	1	—	8	暂时最优
0，1	3	1	14	暂时最优
1，0	4	3	20	暂时最优
1，1	6	4	26	暂时最优

从表 4-5 可以看出，表中的最后一个暂时最优解是 $x_1 = 1$，$x_3 = 1$，这说明这个问题的最优解是 $x_1 = 1$，$x_3 = 1$，此时的目标值 $3x_1 + 2x_3 + 1$ 达到最大，最大值是 6。

通过比较这两个假设前提下的最优解，可知第二种假设成立时，0-1 规

划问题的最优解的目标值更大。因此，可以得到原来 0-1 规划问题的最优解是 $x_1 = 1$，$x_2 = 0$，$x_3 = 1$，$x_4 = 1$，此时的目标值是 6，达到最大值。也就是说，新建商场和仓库的最佳计划是在 A 地和 B 地都建商场，在 B 地建仓库，此时得到的总收益是 6 百万元。

4.3　怎样购物能够享受最多的折扣

为了吸引顾客并让顾客消费，商场中一般都会采取一些优惠活动。例如，各种类型的打折、送赠品、量大优惠等。顾客如何在这些优惠中选择最好的购物决策，这其实也是一个运筹学问题。

4.3.1　怎样买酸奶最划算

酸奶作为一种有益健康的食品，越来越受到人们的欢迎。某家超市出售某品牌酸奶，该品牌一共有三种不同口味的酸奶：原味、红枣味和草莓味，这三种口味每瓶的定价都是 6 元。现在，该超市为促销这种品牌的酸奶，向顾客推出了以下活动：

单独购买其中一种口味的酸奶，可以在定价的基础上打 9.5 折；

同时购买两种不同口味的酸奶，并且不同口味的酸奶数量相等，可以在定价的基础上打 9 折；

同时购买三种不同口味的酸奶，并且不同口味的酸奶数量相等，可以在定价的基础上打 8.5 折。

　　某位顾客想买原味酸奶 3 瓶，红枣味酸奶 4 瓶，草莓味酸奶 5 瓶，这位顾客怎样购买酸奶最划算呢？最划算时需要花多少钱？

4.3.2　分析实际问题

　　从超市的角度分析可以发现：不同的购买方式得到的折扣优惠也不同，这为顾客购买酸奶时提供了更多的选择空间。并且购买的酸奶口味越多，可能得到的折扣优惠也越大，这也会吸引顾客购买更多的酸奶，同时也确保各种口味的酸奶的销量能够均衡，不会造成某种口味的酸奶卖得过多而另外一些口味却无人问津。

　　从顾客的角度分析可以发现：顾客买酸奶时必定想着怎样才能拿到最大的折扣优惠。如果只买一种口味的酸奶，只能享受 9.5 折的优惠；如果购买两种或三种不同口味的酸奶，显然比单独购买一种口味的酸奶享受到的优惠折扣更大，也更划算。

　　再来分析问题的复杂性，在这个问题中，由于顾客所要购买的酸奶口味和数量不一致，在选择时需要考虑的情况会更多。顾客可将三种不同的折扣优惠方案搭配起来，一共有七种可能的购买方式：单独购买原味、红枣味和草莓味酸奶，这是三种；原味和草莓味一起买，原味和红枣味一起买，红枣味和草莓味一起买，这又是三种；原味酸奶、红枣味和草莓味一起买，这也是一种方式。并且，用每种方式所购买的酸奶数量不定，要求加起来的总数量是原味 3 瓶，红枣味 4 瓶，草莓味 5 瓶。

4.3.3 用贪心法解决问题

上面这个问题看似简单，但如果按照一般的先假设未知数再列出数学模型求解的思路会显得有些复杂。前面分析过 7 种可能的购买方式，那么，在假设未知数时就需要假设 7 个不同的未知数。这些未知数的总数要和顾客购买酸奶的数量对应。问题的目标是购买酸奶的总花费达到最低。

虽然不能用数学模型求解，但可以用动态规划方法分析问题。这个问题采用的是一种比较特殊的动态规划方法，运筹学中称为贪心法。相同的是，贪心法同样可以将问题化繁为简，和动态规划一样，贪心法也需要将问题不断细分。不同的是，贪心法并不需要比较各个小问题的最优解，用贪心法即可每次直接找到提供最优方案的小问题，不用在不同的细分问题之间比较和选择。无论如何，两者的核心思想和主要步骤差不多。

首先，对最优方案进行定性分析。

（1）如果单买口味不同的两瓶酸奶，这个方案一定不会是最优方案。因为两瓶口味不同的酸奶一起买是打 9 折，比 9.5 折更优惠。因此，最优方案中一定不会出现两瓶口味不同的酸奶。

（2）如果单买一瓶酸奶，另外两瓶不同口味的酸奶一起买，这个方案也一定不是最优方案。因为三瓶口味不同的酸奶一起买是打 8.5 折，比两瓶打 9 折和一瓶打 9.5 折更优惠。

（3）如果出现两瓶口味不同的酸奶一起买，另外一种口味的酸奶和这两种口味中的一瓶一起买，如一瓶原味和一瓶红枣味一起买，一瓶原味和一瓶草莓味一起买，或者一瓶原味和一瓶红枣味一起买，一瓶草莓味和一瓶红枣味一起买，或者一瓶原味和一瓶草莓味一起买，一瓶草莓味和一瓶红枣味一起买，它们的花费都是 $12 \times 0.9 \times 2 = 21.6$ 元。这时也不可能是最优方案，因为将三瓶口味不同的酸奶一起买，另一瓶单买，这样会更优惠，此时的花费是 $18 \times 0.85 + 6 \times 0.95 = 21$ 元。

综上可以发现，只要是需要不同口味的三瓶酸奶，即可放到一起购买，这样会获得更多的优惠。同理，只要是需要不同口味的两瓶酸奶，也可以放到一起买，这样总比单买优惠一些。

其次，将原来的问题细分。

要寻找最优的购物方案，必定包含三瓶不同口味的一起买、两瓶不同口味的一起买、单买这三种情形中的一种或几种。结合上面的分析可以得到，最优购物方案一定是先将三瓶不同口味的酸奶放到一起买，再考虑剩下的酸奶应该怎样买。也就可以得到，顾客必须先考虑第一种情形，当第一种情形不能满足时，再考虑第二种情形，第二种情形也不能满足时再考虑单买。问题的细分过程如图 4-2 所示。

图 4-2 将问题不断细分

最后，找到最优的解决方案。

按照上面的细分步骤，得到的方案就是原来问题的最优解决方案。由图 4-2 可知，购买酸奶的最佳方案是：首先，将不同口味的酸奶各买 3 瓶，一起结算，其次，买一瓶草莓味的和一瓶红枣味的，一起结算，最后，再单买一瓶草莓味的。

此时的购物方案最优且花费最少，花费是：

3×18×0.85+1×12×0.9+1×6×0.95=62.4 元

4.4 超市怎样开放收银台最合适

在日常生活中我们会发现，普通的超市在平时只开放 2 ~ 3 个收银台，只有在节假日超市顾客较多时、或者排队的顾客过长时，才将大部分或全部收银台开放。因为超市需要平衡人力成本和顾客体验。如果没有多少顾客，却开放大部分收银台，需要付出更多的人力成本；如果顾客都排着很长的队伍等待结算，超市里却有许多收银台没有开放，那顾客的购物体验肯定糟糕透了。

对顾客来说，当然是超市里开放的收银台数量越多越好。但对超市来说，不得不考虑多开放收银台所增加的人力成本。超市应该如何管理收银台，既能节省了人力成本，又能够让顾客满意呢？

4.4.1 超市在收银管理上怎样进行优化

对一家超市来说，收银台的数量往往是早已固定下来的。因此，为减少顾客排队等待收银的时间，提高顾客购物的满意程度，同时尽可能地减少收银上的人力成本，超市应考虑在各个不同的时段开放适量收银台。

那么，超市可以在收银管理上采用哪些优化手段？

4.4.2 分析实际问题

分析实际问题的本质，就是要尽可能地将实际中的问题进行概括，将问题中各个事物之间的关系进行深入地分析，在这之后，往往能够找到一些数学模型与之对应。在运筹学中，有一门非常重要的理论专门探讨这类问题，这门理论就是排队论，主要是研究排队的过程。超市中收银问题的本质就是运筹学中的排队问题。并且，对于排队问题，往往可以建立相应的数学模型，并根据数学模型找到优化改进这个模型的措施。

首先，为什么超市中的收银问题可以看作是排队问题？

这是因为在实际收银过程中，每一个收银台同时只能有一位收银员，并且同时只能对一位顾客收银，其他需要收银的顾客，只能暂时排队进行等待。收银员对一位顾客完成收银之后，才能服务于下一位顾客。只有在顾客很少的情况下，有些开放的收银台会是空闲的候，顾客才不用排队等待收银。因此，从本质上来说，收银过程就是一个排队的过程。

其次，怎样建立超市收银过程的数学模型。

在排队问题中，可以将问题抽象成排队服务系统。每个排队服务系统由输入过程、排队规则和服务机构组成。输入过程是指顾客到达排队系统；排队规则是指顾客到达后按什么样的规则排队等待服务；服务机构是指为顾客提供服务的机构。

在超市收银问题中，排队系统是指顾客在超市中挑选好商品后，在收银台前排队等待付款。收银台是服务台，顾客付款被认为是接受服务。输入过程是指顾客挑选好商品后来到收银台前；排队规则是指顾客按单队单服务台、多队多服务台或单队多服务台的方式排队；服务机构是服务台。超市收银的服务过程如图 4-3 所示。

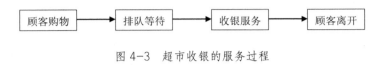

图 4-3　超市收银的服务过程

在上述这个排队服务系统中，有一些非常重要的信息我们可以从数学的角度来分析。因为排队的长度往往取决于某一时段完成购物等待收银的顾客人数。因此，可以用单位时间内平均到达收银台的顾客数量进行衡量；排队的长度同样取决于收银员服务的快慢。同等条件下，服务快的收银员身后排队的队伍肯定比收银慢的要短。因此，可以用收银员对顾客的平均服务用时衡量收银的速度；与顾客体验度有关的收银所用时间由两部分组成，一是顾客等待收银的时间，二是收银员的服务时间，在这个系统中，往往考虑的是所有顾客的平均用时。因此，需要注意的是顾客的平均收银用时与顾客的平均等待用时。

4.4.3　根据模型找到优化方案

在上面的分析过程中已将收银过程简化为一个排队服务系统，并且列出了影响顾客体验的关键信息。接下来，要找到超市收银管理中的优化方案，即可从这些信息入手。例如，对于怎样减少顾客的平均收银用时，我们的思路就非常清晰，一方面，减少顾客的平均等待用时，另一方面，可以减少收银员的平均服务用时。根据这两个方面可以得到更加具体的优化方案。

措施一　合理规划布局，安排导购员

对超市的布局进行合理规划，为顾客营造出温馨、简便的购物环境，让

顾客在尽量短的时间内买到自己想买的商品，提高单位时间内进出超市的客流量。这样既节省顾客的时间，也增加了超市中的顾客流量，从而提高经营效率。对于大型超市来说，在恰当的位置增加导购员是一种很好的方法。对于第一次来购物的顾客，导购员的指导会大幅减少顾客的逗留时间。

措施二　加强对收银员的培训，设置激励措施

在超市中，收银台是顾客接触最多的地方，收银员不仅要手法熟练，还要有好的服务态度。收银台可以说是超市的窗口，收银员的素质和服务质量直接影响超市的形象。因此，应加强培训、设置激励措施、提高收银员的素质，收银员的服务速度快可以使顾客在收银时需要等待的时间更短，顾客的购物体验会更好。

措施三　必要时，安排人员指导顾客排队

在某些大型超市，每到节假日的晚上，往往顾客会非常多。虽然比平时多开放了一些收银台，但往往各个收银台前排的队伍分配得不均衡。顾客逛完超市后往往会比较疲累，一般都会选择离自己最近的收银台。还有一些顾客对收银台不熟悉，会导致某个收银台忙不过来，另外的收银台却很清闲。这时候，需要安排人员及时指导顾客去队伍短一些的收银台前等待结算。这样能减少收银过程中所有顾客的平均等待时间。

措施四　最好采用一支队伍两个收银台的形式

现在大多数超市在收银时基本上都采用这种服务形式：两个相对的收银台都有收银员提供服务，中间是队伍，如图4-4所示。为什么要采用这样的设置而不采用一个收银台服务一支队伍的方式呢（见图4-5）？这里两个方面的原因：

原因一 从图 4-4 和图 4-5 的对比之中可以发现，图 4-4 中四个收银台所占用的空间要比图 4-5 中小很多，至少在空间利用率上，两个收银台同时服务一支队伍要好一些；

原因二 相比较而言，图 4-4 中两个收银台同时服务一支队伍的方式，让所有顾客的平均等待时间更短，充分利用了收银员的人力，只可能出现一支队伍还有人排队，其他两个收银台空闲的情况。在图 4-5 中，只有一个收银台服务一支队伍，有可能造成某支队伍还有人排队，但其他三个收银台上的收银员又很空闲，这就意味着人力资源的闲置，这种情形在图 4-4 中是不可能出现的。由此可知，图 4-4 中无论是提高顾客体验、还是减少人力成本都更有优势。

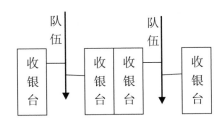

图 4-4 两个收银台同时服务一支队伍

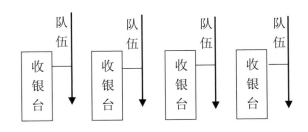

图 4-4 一个收银台服务一支队伍

第五章

运筹学在市场竞争中的应用

在市场交易和竞争中，会有一只"看不见"的手影响着人们的决策，无论是卖家和买家之间的交易策略，还是商家与商家之间的竞争策略。这只手的出现，也是因为人们自利的天性在发挥作用，市场上的每一个人都会经过深思熟虑，选择对自己有利的策略。运筹学可以用来解释市场上许多司空见惯的现象，让人们明白其中的本质。

5.1 为什么说诚信的市场环境很重要

诚信对于市场而言，就好比水对于生命一样，没有诚信，市场就会名存实亡，变得死气沉沉，人们在缺乏诚信的市场中无法进行正常的交易。至于为什么说诚信的市场环境很重要，从运筹学的角度分析，可以用博弈论的相关知识进行科学地解释。

5.1.1 这种情况下，你还会讲诚信吗

关于交易中的诚信，有一个很有名的"密封袋子交易"问题。这个问题具体如下：卖家和买家的交易方式就是面对面交换各自密封的袋子，按照交易规则，买家的袋子应该放钱，卖家的袋子应该放商品，然后双方互相交换袋子。但是，由于袋子是密封的，卖家和买家既可以选择按照规则诚实地进行交易，互相交换装了钱或商品的袋子；也可以选择作假，不在袋子中放钱或不放商品，只把空袋子交给对方。

如果你是上面交易中的卖家或买家，你会怎么做？最终会出现怎样的交易结果呢？

5.1.2 建立博弈模型

什么是博弈？

博弈就是双方比拼策略的过程。在现实生活中，下棋也是一种博弈过程，商家之间的价格战，买家和卖家的讨价还价等，都可以看作是一个博弈过程。在博弈阶段，参与的双方都可以根据自己的目的选择各自的策略，这些策略共同影响最终结果。

例如，下象棋时需要为了"将军"选择策略，策略更好的一方就会获得最终的胜利。另外，在选择策略的讨价还价过程中，买家是为低价选择策略，卖家是为高价选择策略。因此，上面"密封袋子交易"的问题，就是一个典型的双方博弈过程。

在博弈过程中，买家的策略有两个：选择将钱放进密封的袋子中，或者只给卖家一个空袋子。卖家同样也有两个策略：选择将商品放进密封的袋子中，或者不放商品，只给买家一个空袋子。

这是一个静态的博弈过程。

生活中的博弈过程，按照博弈双方做出决策的先后顺序，可以分为静态博弈和动态博弈。在静态博弈中，参与博弈的双方需同时做出决策，并且决策不分先后。例如，在上面的博弈过程中，交易的双方在交换密封的袋子时，是同时进行的。也就是说，卖家和买家要在同一时间内做出自己的决策。因此，这是一个静态博弈的过程。

对于动态博弈，参与博弈的双方并不是在同时做出决策，要按照先后顺序依次做出决策。并且顺序不能随意变换，如果变换顺序，会影响整个博弈的最终结果。

例如，下象棋就是一个典型的动态博弈过程，因为下象棋的双方有"先手"和"后手"之分，必须按照严格的顺序下子，直到一方将另一方"将军"为止。

建立一个博弈模型。

对于静态博弈，只能进行定性分析，并不能进行定量分析。通常可以建立一个博弈模型。在建立博弈模型之前，需要明白博弈中的目标各不相同，但从本质上来说，都是为了尽可能多地得到利益。这是博弈过程中人的本性。正因为如此，可以用数字表明博弈中双方各自的收益。显然，双方必定都会做出使自己收益更大的决策，这样就能定量分析博弈过程中双方的策略。

对于上面的博弈过程，可以适当地用数字描述买家和卖家各自的收益或损失，得到的博弈模型如下：

博弈参与方：买家、卖家；

博弈策略：买家（诚信、作假）、卖家（诚信、作假）；

博弈的收益：

（1）如果买家和卖家双方都诚信交易，那么，买家能用自己的钱交换到商品，而卖家也能得到钱，这时交易成功完成，各自得到的收益都是1。

（2）如果买家选择诚信交易，而卖家选择作假，不在袋子中放入商品，那么买家用钱只能换来一个空袋子，受到了损失，收益只能是一个负数，收益是 −5，而卖家骗到了买家的钱，收益是 5。

（3）同样，如果卖家选择诚信交易，而买家选择作假，不在袋子中放钱，那么卖家用商品只能换来一个空袋子，收益同样是 −5，而买家骗到了卖家的钱，收益是 5。

（4）如果买卖双方都选择作假，那么双方只是在交换空袋子，整个交易双方的收益都会变为 -1。

5.1.3　分析双方的最佳策略

根据上面的博弈模型，再来分析卖家和买家各自会选择怎样的交易策略。

首先，列出博弈双方的收益表。

能根据上面的博弈模型，可以将买家和卖家各自的策略和相应的收益列成一个表，帮助我们清晰地比较卖家和买家各自的收益。如表 5-1 所示。

表 5-1　买家和卖家的博弈

卖家＼买家	诚信	作假
诚信	1，1	-5，5
作假	5，-5	-1，-1

其次，从表格中找到各自的最佳策略。

需要注意的是，在博弈过程中，参与的每一方都是从自己的利益出发，不用考虑自己的决策会给对方带来怎样的后果。因此，在选择最佳策略时，需要从各自的立场出发，找到收益最大的策略，就是最佳策略。

根据表 5-1 可以分别得到卖家和买家各自的最佳策略。从买家的角度来看，假如卖家选择诚信交易，买家在利益的驱使下，最佳策略是选择作假，与选择诚信交易相比，这会给他带来 5 单位的收益；假如卖家选择作假，买家也会考虑到诚信交易的风险，最佳策略也是选择作假，因为和选择作假比起来，选择诚信会让自己受到 5 单位的损失。因此，无论卖家选择诚信还是作假，从买家的角度来看，最佳策略都是选择作假。

最后，在表格中对最佳策略进行标注。

在找到最佳策略时，需要及时对这些策略进行标注。根据表 5-1，对买家来说，当卖家在交易中作假时，买家的最佳策略也是作假，这时双方的收益都是 -1，因此，在（-1，-1）中标注买家此时的收益，也就是右边的 -1；同样，当卖家诚信交易时，买家的最佳策略是作假，这时卖家的收益是 -5，买家的收益是 5，在（-5，5）中标注 5。经过标注，得到表 5-2。

表 5-2　标注买家的最佳策略

卖家＼买家	诚信	作假
诚信	1，1	-5，5
作假	5，-5	-1，-1

还需要标注卖家的最佳策略。从卖家的角度来看，假如买家选择诚信交易，卖家在利益的驱使下，最佳策略是选择作假，与选择诚信交易相比，这会给他带来 5 单位的收益；假如买家选择作假，卖家也会考虑到诚信交易的风险，最佳策略也是选择作假，因为和选择作假相比，选择诚信会让自己受到 5 单位的损失。因此，无论买家是选择诚信还是作假，从卖家的角度来看，最佳策略都是选择作假。

可在表 5-2 中继续标记卖家的最优策略。当买家在交易中作假时，卖家的最佳策略也是作假，这时双方的收益都是 -1，因此，在（-1，-1）中标注卖家此时的收益，也就是左边的 -1；同样，当买家诚信交易时，卖家的最佳策略是作假，这时买家的收益是 -5，卖家的收益是 5，在（5，-5）中标注 5。经过标注，得到表 5-3。

表 5-3　继续标注卖家的最佳策略

卖家 ＼ 买家	诚信	作假
诚信	1，1	−5，5
作假	5，−5	−1，−1

从上面的分析可以看出，无论是卖家还是买家，都会选择在交易中作假，因为作假是最佳策略，能够让自己获得最大收益。现在已经得出买家和卖家在交易过程中的最佳策略。但整个交易过程最终会出现什么样的结果呢？此时需要根据最佳策略找到纳什均衡。

那么，什么是纳什均衡呢？

在整个博弈过程中，参与博弈的双方都会选择对自己有利的最佳策略，从而使博弈的结果出现一种或者几种结局。对于这些结果，只要双方中的任何一方改变策略，得到的都将会是更差的结果，这些策略组合就是博弈过程中的纳什均衡。

例如，在买家和卖家的博弈过程中，无论是买家还是卖家，在任何情况下的最佳策略都是在交易中作假。也就是说，在整个交易过程中，买家和卖家都会选择作假，而不会出现其他结果，因为任何一方改变作假这一策略，都会使自己受到更大的损失，变为 −5。在双方都选择作假时，这买家和卖家的收益都会是 −1，这就是博弈过程中的纳什均衡。

纳什均衡有"好的"、"坏的"和"不好不坏的"。好的纳什均衡是让双方都能获利，达到双赢的结果；坏的纳什均衡是使双方的利益都受到较大的损失，两败俱伤；不好不坏的纳什均衡是在这两者之间。对于上面博弈的纳什均衡，可以看出，这是一个坏的纳什均衡，虽然买家和卖家都选择作假，这都是从各自利益出发，都是各自的最佳策略，但是最后出现的结果却是双方都受到 1 个单位的损失，这个结果远不如双方都选择诚信交易。

从这里也可以看出，当市场上的买家和卖家通过作假能获取巨大利益时，会使诚信交易的一方面临更大的风险。因此，从自身利益考虑，他们往往会选择在交易中作假，这交易失去意义，交易的双方失去信任。越来越多的买家和卖家不会拿钱和商品冒险，他们会退出这一市场，并且这一市场也不会再有新的买家和卖家加入，从而出现萧条的景象。因此，诚信的市场环境对于市场的正常运转是非常重要的，缺乏诚信，充斥着作假行为的市场注定不能长久。

5.1.4　博弈给我们的启示

从前面的分析可知，博弈过程中的纳什均衡是坏的，是一个两败俱伤的局面，并没有双方都选择诚信交易那样好。因此，要想改变买家和卖家都作假的局面，需要改变双方选择作假后获得的收益，对这些作假的商家进行处罚，打破坏的纳什均衡，建立一个好的纳什均衡，让市场走向良性运转的轨道。

在日常生活中，卖家的作假行为主要是向买家出售伪劣产品。例如，市场上的山寨数码产品、假烟、假酒等，买家的作假行为主要是使用假币。对于这些行为，需要建立起完善的市场监督机制，一方面严厉监督、坚决打击，另一方面，奖励举报者，科普辨别真伪钱币的方法，让人们提高辨别能力。这样才能使市场建立起诚信交易的环境。

也可以通过博弈模型解释。在市场监督机制下，买家和卖家的作假行为会面临极大的风险，无论是哪一方作假，一旦被人举报或者被监督机构查明，就会受到损失。综合考虑风险和收益，这个损失会是 6 个单位。如果在交易中一方作假而另一方未作假，当作假行为被查明后，在交易中未作假的一方将会得到补偿，综合考虑，未作假的一方仍然会有 1 个单位的轻微损失。但如果双方都选择诚信交易，各自的收益仍是 1。

根据上面的博弈模型，可以列出在市场监督的机制下，买家和卖家之间的收益如表 5-4 所示。分析买家和卖家在此种情况下的最佳策略，从表 5-4 中可以看出，对卖家来说，当买家选择诚信交易时，卖家的最佳策略是选择诚信交易，这会给卖家带来 1 个单位的收益，选择作假会受到 6 个单位的损失；当买家选择在交易中作假时，卖家的最佳策略仍是选择诚信交易，虽然会给卖家带来 1 个单位的损失，选择作假会受到 6 个单位的损失。

表 5-4　在市场监督机制下，卖家和买家博弈的收益

卖家＼买家	诚信	作假
诚信	1，1	−1，−6
作假	−6，−1	−6，−6

对买家来说，也是如此。当卖家选择在交易中作假时，买家的最佳策略是选择诚信交易，当卖家选择诚信交易时，买家的最佳策略也是选择诚信交易。在表 5-4 中标记卖家和买家在各种情况下的最佳策略，综合起来考虑，得到博弈过程中的纳什均衡，就是买家和卖家都选择诚信交易，此时双方的收益都是 1。这是一个好的纳什均衡，双方都会在博弈过程中获得收益。因此，在市场监督机制下，卖家和买家们都会选择诚信交易，从而使市场处于良性运转之中。

5.2 京东、苏宁之间的价格大战

在日常生活中，无论是淘宝、京东和苏宁这样的电商平台，还是沃尔玛、家乐福和永辉这样的线下超市，都会定期做一些降价促销活动。因为降价是商家吸引顾客、促进销量、减少库存的一种常用手段。其实，降价的作用远不止这些，降价还能够"打击"市场上的竞争对手，"吞食"对手的市场份额。一次好的降价活动，带来的效应不亚于广告投入，在中国电商史上，最有名的价格战无疑是 2012 年京东和苏宁之间的百亿大战。

5.2.1 回顾京东和苏宁之间的价格大战

京东率先发动价格战，宣称零毛利，矛头直指苏宁和国美。

2012 年 8 月 14 日上午，京东商城 CEO 刘强东通过微博宣布，京东商城所有大家电将在未来三年内保持零毛利，并"保证比国美、苏宁连锁店便宜至少 10% 以上"。此言一出，立即引来对手反击。苏宁易购通过其微博宣称，包括大家电在内的所有产品价格必然低于京东。当当、国美等也随即宣布应战，一场轰轰烈烈的电商价格战迅速拉开序幕，其背后的资本较量也逐渐浮出水面。京东商城背后的股东也纷纷表态，全力支持这一场价格战。

随后，苏宁和国美相继推出让利降价活动。

苏宁易购宣称启动史上最强力度的促销活动，包括家电在内的所有产品价格必然低于京东。国美一方也回应称，国美从不回避任何形式的价格战，宣称国美电器网上商城全线商品价格将比京东商城低 5%。

5.2.2　价格大战的博弈模型

现在分析京东商城和苏宁、国美之间为什么会进行价格战？为什么京东商城宣称降价之后，苏宁和国美也会采取同样的降价手段，不惜巨额让利，参与到这场百亿大战之中？

几乎所有的价格战都可以视为是商家之间在价格上的一场博弈。博弈的双方在价格上都有维持现价和降价两种策略，每种策略带来的影响不同。这是因为，一定程度的降价并不会给自身造成太大的损失，只是让出一部分利润而已，即使会因为各种成本而让自身的利润变为 0，甚至有些损失，但可以吸引大量顾客，赢得顾客的信赖，争取在回头客上再把这次降价的损失赚回来。而未降价的一方，表面上看起来每件商品都保持了较高利润，但总体销售额会下降，失去的顾客会变成竞争对手的客户，只会在长久的市场竞争中吃亏。

熟悉了以上商业常识，即可用数字描述京东和苏宁在价格战中的收益，从而将价格战的过程简化为下面的博弈模型。

博弈参与方：京东、苏宁；

博弈策略：京东（不降价、降价）、苏宁（不降价、降价）；

博弈的收益：

（1）如果京东和苏宁双方都选择不降价，京东和苏宁各自都能得到一定的利润，这时各自得到的收益都是 1。

（2）如果京东选择降价，而苏宁选择不降价。虽然京东每件商品的利润会下降，但是从长远的角度来看，京东获得的收益更大，将是 2；苏宁虽然卖出的每一件商品都有足够的利润空间，但顾客会逐渐减少，从长远的角度来看，会造成较大的损失，这时的收益是 −2。

（3）同样，如果苏宁选择降价，而京东选择不降价，京东的收益同样是1，而苏宁的收益是 −2。

（4）如果双方都选择降价，京东和苏宁在这次价格战中谁也得不到好处，这时双方的收益都是 −1。

5.2.3　分析双方的最佳策略

首先，列出博弈双方的收益表。

根据上面的博弈模型，可以将苏宁和京东各自的策略和相应的收益列成一个表，帮助我们清晰地比较苏宁和京东各自的收益。如表 5-5 所示。

表 5-5　京东和苏宁的价格战博弈

苏宁／京东	不降价	降价
不降价	1，1	−2，2
降价	2，−2	−1，−1

其次，从表格中找到各自的最佳策略。

根据表 5-5 可以得出，从京东的角度来看，假设苏宁决定降价，京东的最佳策略是选择降价，虽然降价会受到 1 个单位的损失，但不降价的损失要更多；假设苏宁决定不降价，京东的最佳策略也是选择降价，因为这时降价能获得更多利益。

　　同样，从苏宁的角度来看，假设京东决定降价，苏宁的最佳策略是选择降价，因为这时损失更少；假设京东决定不降价，苏宁的最佳策略也是选择降价，因为这时降价能获得更多利益。

　　最后，在表中对最佳策略进行标注。

　　在表 5-5 中，对京东来说，当苏宁选择降价时，京东的最佳策略是选择降价，这时双方的收益都是 -1，用下划线标注表中（-1，-1）左边的 -1；当苏宁选择不降价时，京东的最佳策略是选择降价，这时京东的收益是 2，苏宁的收益则是 -2，用下划线标注表中（2，-2）左边的 2。

　　同样，对苏宁来说，当京东选择降价时，苏宁的最佳策略是选择降价，这时双方的收益都是 -1，用下划线标注表中（-1，-1）右边的 -1；当京东选择不降价时，苏宁的最佳策略是选择降价，这时京东的收益是 -2，苏宁的收益则是 2，用下划线标注表中（-2，2）右边的 2。

　　综合起来，在京东和苏宁的博弈过程中，无论是京东还是苏宁，在任何情况下的最佳策略都是降价。也就是说，在这次价格战中，京东和苏宁都会选择降价而不会出现其他结果，因为任何一方改变降价这一策略，都会让自己受到更多的损失，变为 -2。在双方都选择降价时，京东和苏宁的收益都是 -1，这就是这一博弈中的纳什均衡。

　　从上面的分析也可以看出，这个博弈中的纳什均衡是坏的，因为双方在博弈中的结局是两败俱伤。但即使是两败俱伤，在京东实行降价策略后，苏宁为了自己在市场上的利益，也不得不实行降价的策略，和京东在价格上"死磕"到底。

5.3　淘宝和易趣，市场先到者和后到者之间的竞争

在市场中总会有先到者和后到者，并且两者之间是竞争的关系。如果先到者占领了市场，后到者也会选择进入市场。此时，先到者很可能想办法阻击后到者，以增加后到者的成本，压缩后到者的收益，直到后到者自觉退出市场。而后到者也必定会考虑，是否先到者会进行阻击，是否有能力在先到者的阻击下获得收益。其实，这也是一个博弈的过程，接下来我们就从淘宝和易趣的"世纪大战"开始说起。

5.3.1　回顾当年淘宝和易趣的"世纪大战"

易趣最早把美国 C2C 在线销售的概念引入中国，创立了易趣网，后来（2002 年）eBay 收购易趣，改为 eBay.cn，成为当时中国刚刚兴起的电商市场的行业老大，大约占当时中国网购市场的 2/3，当然，那时的市场规模还很小。

淘宝，2003 年 5 月才成立，用了两年多的时间，在易趣的阻击下绝处逢生，最终逆袭。到 2005 年，淘宝网购市场的规模和中国 eBay 旗鼓相当。此后淘宝一路高歌猛进，直到占有全国市场份额的 80% 以上。而 eBay 的市场占有率一直下滑，直到最终退出中国 C2C 市场。

现在，淘宝仍然是中国 C2C 市场中的巨无霸，而易趣背后的 eBay 仍然没有进入中国市场。

5.3.2 建立博弈模型

从本质上来说，淘宝和易趣之间的"世纪大战"就是市场上先到者和后到者之间的竞争。毋庸置疑，淘宝和易趣之间的竞争可以看作是博弈的过程，在博弈过程中淘宝的策略可以简化为两个：进入市场和不进入市场，易趣在博弈过程中的策略也可以简化为两个：阻击淘宝和不阻击淘宝。和京东、苏宁之间的价格战不同的是，在博弈过程中淘宝和易趣之间并不是同时做出决策，而是存在先后顺序，淘宝先做出决策，易趣后做出决策。因此，这是一个动态博弈的过程。

建立博弈模型。

从这个案例来看，易趣作为市场上的先到者，并没有成功阻击淘宝这个后到者，也许是因为易趣最初没有把淘宝当作一回事，并未全力阻击淘宝，又或许是当时中国的电子商务市场还是一片蓝海，易趣的体量放到市场中也不算什么，根本阻击不了淘宝在电子商务中的发展。无论如何，易趣的阻击没有效果是一个毋庸置疑的事实。

因此，这个动态博弈的模型如下：

博弈参与方：易趣、淘宝；

博弈策略：淘宝（进入、不进入）、易趣（阻击、不阻击）；

博弈的收益：

（1）假设淘宝选择不进入市场，这时市场上只有易趣一家独大，易趣获得的收益是 7，淘宝没有收益，收益为 0；

（2）假设淘宝选择进入市场，并且没有遇到易趣的阻击，两家公司会分割市场上的利益，易趣的收益是5，淘宝的收益是2。

（3）假设淘宝选择进入市场，并且之后受到易趣的阻击，由于市场还是蓝海，并且易趣阻击淘宝也需要成本。因此，易趣的收益会减少，收益是6，而淘宝也够在易趣的阻击下获得一部分收益，收益是1。

5.3.3 分析双方的最佳策略

对于动态博弈的分析，不能像价格战一类的静态博弈那样分析，因为在动态博弈中，双方的决策要分先后顺序。这时就不能用简单的表格表示，需要用树形图表示。对于上述动态博弈过程，可用图5-1表示。其中括号中左侧的数表示易趣在该种情况下的收益，右边的数表示淘宝在该种情况下的收益。

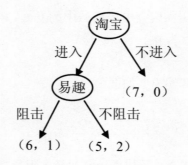

图5-1 淘宝、易趣的博弈（一）

根据动态博弈的树形图，用"逆向归纳法"分析双方的最佳策略。逆向归纳法的核心思想是揣摩下一步对手的最佳策略，从而指导自己制定最佳策略。这就像下棋一样，我们需要判断对手下一步会走哪一步棋，甚至接下来几步会怎么下，从而得到自己现在应该怎么下，才是最佳的策略。

首先，分析博弈的第一阶段，假如淘宝进入市场，易趣的最佳策略一定是阻击淘宝。因为易趣从自身利益出发，阻击淘宝能够给自己带来更多的利益。

其次，分析博弈的第二阶段。淘宝在考虑要不要进入市场时，通过上述分析能够预料到易趣一定会采取阻击手段。即使此时淘宝的收益仅仅为1。如果淘宝不进入市场，虽然不会有损失但也没有收益。因此，淘宝此时的最佳策略是进入市场，争取这1单位的收益。

综合上面的分析，得出博弈的结局是：淘宝选择进入市场，易趣会阻击淘宝，此时淘宝的收益是1，易趣的收益是6。这就是动态博弈过程中的纳什均衡。

在这种情形下，对淘宝来说，如果改变策略，选择不进入市场，得到的收益会更低，收益是0；同样，对易趣来说，如果改变策略，不阻击进入市场的淘宝，得到的收益同样也会更低，收益是5。也就是说，任何一方在这种情况下改变策略都会使自己的收益变得更低，因此，这个策略组合也是动态博弈过程中的纳什均衡。

5.3.4 先到者怎样才能成功阻击后到者

在什么情况下，易趣能够成功阻击淘宝，或者淘宝会自愿选择不进入市场呢？将上述博弈过程中易趣阻击淘宝的收益变为（6，−1），即淘宝在进入市场后，易趣会全力阻击淘宝，这时易趣的收益是6，淘宝的损失是−1。此时易趣和淘宝之间的博弈过程如图5-2所示。

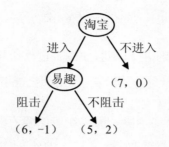

图 5-2　淘宝、易趣的博弈图（二）

同样采用逆向归纳法进行分析。

从图 5-2 可以看出，对淘宝和易趣这两家公司来说，淘宝进入市场时，对易趣来说，最佳策略是阻击淘宝，因为阻击淘宝时获得的收益要多一些，收益是 6。因此，当淘宝考虑是否进入市场时，会预料到易趣会对自己进行阻击，那时进入市场的收益是 -1，也就是淘宝会受到 1 个单位的损失，而不进入市场虽没有收益但也没有损失。显然，淘宝会做出对自己更有利的决策，也就是不进入市场和易趣竞争。

因此，在这个博弈过程中，淘宝选择不进入市场，易趣也就不需要面临淘宝的竞争，这是该动态博弈中的纳什均衡。此时易趣的阻击是可信的，因为它的阻击会对淘宝构成威胁，让淘宝受到损失。

通过对比两个动态博弈后会发现，在市场竞争中，并不一定是先到者会阻击后到者，对于后到者来说，也不一定不能在市场中立足。当然，这一切都取决于先到者阻击的成本，以及市场是否还是蓝海。如果阻击成本很高，会导致阻击后自己的收益下降，或者市场远未成熟，先到者无力阻击，此时先到者的阻击就不可信，不可能变成现实，此时是后到者进入市场的最好时机。

5.4　市场分红中应该怎样谈判

分红，相信大家并不陌生。无论是上市公司，还是一些合作社都会定期给股东分红。这些分红过程有明确规定。但很多时候，那些合伙开的小公司、合伙做的小项目，合伙人之间的股权分配并不是很明确，在分红过程中，不得不牵扯到讨价还价的谈判过程。

在现实生活中，出门购物、债务纠纷、讨价还价是不可避免的。从运筹学的角度来看，讨价还价也是一个博弈过程，一方先出价，另一方可以选择拒绝并提出自己心中的价位，也可以选择接受，从而使博弈过程结束。

5.4.1　合伙人之间的分红过程

甲乙两人合伙开了一家餐厅，餐厅利润达到 10 万元。到年底分红时，两人的意见却没能达成一致，甲认为自己投资更多，应该分更多的钱，甲提出的分割方案是自己分得 7 万元，而乙只能分得 3 万元。但是，乙则认为自己为餐厅的经营付出了很多，理应分得更多的利润。甲和乙只好就如何分割这10 万元进行了第三方谈判，他们之间的谈判规则如下：

首先由甲提出一个分割比例，乙可以选择接受甲的方案，也可以选择拒绝；如果乙选择接受，谈判就此完成。按照甲的方案进行分割利润；如果乙选择拒绝，必须向甲提出自己的分割方案，让甲进行选择。如此循环下去，直到双方都同意为止。

由于谈判也需要成本，除非双方第一阶段就能达成一致，每多进行一个

111

阶段，要分割的资金就会损失 10%，用于提供给双方谈判的费用。为了确保谈判效率，甲乙之间最多只能进行三个阶段的谈判，如果进行到第三阶段，甲报价的时候，乙必须接受。但乙至少要获得 3 万元分红。

在这次分红的谈判过程中，甲乙之间将选择怎样的分割方案呢？

5.4.2 建立博弈模型

由于参与博弈的只有甲和乙两人，各自的决策顺序有先后之分，并且这种顺序对最终的结果会产生影响。因此，这是一个动态博弈的过程。需要注意的是，在这个动态博弈中，只有在第一阶段时，甲乙两人可以分割的财产是 10 万元。过了第一阶段，由于谈判费用的产生，分割的资金的总额不断减少。

如果第一阶段的谈判失败，当谈判进行到第二阶段时，去掉谈判的费用，可以分割的资金只有 9 万元，因为 $10 \times 0.9 = 9$。如果第二阶段的谈判失败，当谈判进行到第三阶段时，去掉谈判的费用，可以分割的资金只有 8.1 万元，因为 $10 \times 0.9 \times 0.9 = 8.1$。

考虑到以上因素，得出动态博弈的模型如下：

博弈参与方：甲、乙；

博弈策略：甲（同意、不同意）、乙（同意、不同意）；

博弈的收益：

（1）假设甲提出方案 1 之后，乙选择同意甲的方案，此时谈判处于第一阶段，分割的金额是 10 万元，并且按照甲提出的方案 1 执行，谈判结束；

（2）假设乙不同意甲的方案 1，谈判进入第二阶段，此时乙需要提出方案 2。进一步假设甲选择同意乙的方案，此时分割的金额是 9 万元，并且按照乙提出的方案 2 执行，谈判结束；

（3）假设谈判进入第二阶段，乙提出的方案 2 甲不同意。谈判进入第三阶段，甲需要提出方案 3，并且乙只能同意该方案。此时分割的金额是 8.1 万元，并且按照甲提出的方案 3 执行，谈判结束。

5.4.3　分析双方的最佳策略

首先，将问题用树形图描述。

对于上述问题，可以将甲乙之间谈判的过程用博弈图表示，如图 5-3 所示。

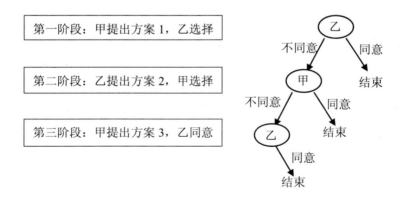

图 5-3　甲乙之间的谈判

其次，采用逆向归纳法进行分析。

在博弈过程中，双方都能够充分认识到，多进行一个阶段，双方的总收益就会损失 10%。因此，越早结束谈判对双方越有利，此时如果能在第一阶段就提出一个双方都能接受的方案，对双方来说都是最优策略。

分析博弈的第三阶段。如果谈判拖到第三阶段结束，双方可以分割的总金额是 8.1 万元。在第三阶段时，甲很清楚自己此时提出的方案是最终方案。但乙至少要分得 3 万元。因此，甲从自身利益出发，会按照最低要求，分给乙 3 万元，自己分得剩下的 5.1 万元。此时谈判结束，8.1 万元会按照甲提供的方案执行。

分析博弈的第二阶段。如果谈判拖到第二阶段结束，双方可以分割的总金额是 9 万元。在第二阶段时，乙很清楚甲到第三阶段时会提出怎样的分割方案，那时甲分得 5.1 万元，乙分得 3 万元。因此，乙在第二阶段应提出让双方都满意的方案，并尽量争取获得甲的同意。由于甲在第三阶段最多能获得 5.1 万元，此乙会提出让甲分得 5.1 万元，自己获得剩下的 3.9 万元，这样才能使甲同意，并且自己的收益达到最大。

分析博弈的一阶段。如果谈判在第一阶段结束，双方可以分割的总金额是 10 万元。在第一阶段时，甲很清楚乙会在第二阶段提出什么样的方案，那时甲将分得 5.1 万元，而乙将分得 3.9 万元。因此，甲会想办法在第一阶段就提出双方都满意的方案，从而使自己获得更利益。为了拉拢乙，甲一定会提出让乙分得 3.9 万元，自己分得剩下的 6.1 万元，这是乙可以接受的方案。因为即使乙不接受，到了第二阶段，乙的最大收益同样也只能是 3.9 万元。

由此可见，整个谈判在第一阶段便会结束，可得出动态博弈的纳什均衡，甲在第一阶段提出的方案如下：甲分得 6.1 万元，乙分得 3.9 万元，并且乙也会选择同意这个方案，双方达成一致。整个博弈过程在第一阶段结束。

从上述博弈的过程也可以看出，如果没有谈判过程。乙选择向甲妥协，只能获得 3 万元的最低分红。进入谈判后，虽然甲拥有最后的决定权，在整个博弈过程中的优势是巨大的，但甲乙两人会因为谈判费用而达成一种默契，双方在第一阶段就会形成一致的分割方案。换句话来说，如果整个博弈过程中没有那 10% 的花费，同样是三个阶段必须结束，乙最终也只能分到 3 万元。因为甲会一直将谈判拖到第三阶段，再提出自己满意的方案。

谈判其实并不是我们想象得那么简单。有时在谈判中，拥有最后的决断权，也不会获得更多的好处，看起来完全处于劣势的一方，或许可以借着谈判机制，获得实实在在的利益。

第六章

运筹学在投资理财中的应用

你不理财，财不理你。在现代社会中，投资几乎已经成为每个成年人的必修课。随着金融行业的不断发展，无论财富是多还是少，无论是喜欢高风险、高收益还是厌恶风险追求安稳，每个人都有许多种投资方式、投资方案可供选择。在投资中，许多重要的方法和思想都要以运筹学为理论基础，了解运筹学在投资中的应用，能够帮助我们寻找到最适合自己、收益最大的投资方案。

6.1 如何权衡理财的收益和风险

　　风险和收益成正比。这句话是人们对于风险和收益的一种定性认识，这种认识还是很有道理的。在投资中，永远回避不了的无非就是风险和收益。如果盲目追求收益，不顾风险，往往会适得其反。同样，如果一心只求安稳，厌恶风险，也许会错过许多更好的投资，从运筹学的角度来看，我们可以在合理规避风险的基础上追求利益，用平衡的心态进行投资，这时往往能取得不错的收益。

6.1.1 银行、股市和P2P该选择谁

　　现在人们在个人资产投资方面有更多选择。年轻人更喜欢将钱用来炒股，但是炒股的风险可想而知。近些年又涌现许多金融 P2P 理财产品，受到追求高收益投资者的追捧。银行、股市和 P2P 理财产品，我们应该如何选择，才能够把握投资收益和风险之间的平衡呢？

　　刚刚大学毕业的小陈辛苦工作一年，存下了 5 万元的积蓄。小陈想把这些钱用来理财，等几年后买房。可小陈不知选择哪种理财方式。身边的同事，有的是资深股民，在股市中搏杀，有的通过 P2P 产品理财，而父母却建议将这些钱存入银行。

　　小陈经过一番调查和分析，研究了这三种理财方式的大致收益和风险。

小陈发现，市场经济形势对理财的收益有较大的影响：无论经济形势如何，银行储蓄的年收益大概是 3%。对 P2P 理财产品来说，每年的收益明显受到经济形势的影响，在经济萧条时期，P2P 理财产品不会有任何收益；在一般时期，P2P 理财产品的年收益略高于银行储蓄，大概能达到 5%；在经济繁荣时期，P2P 理财产品的年收益明显好于银行储蓄，大概可达到 7%。对股票期货来说，风险和收益并存，在经济萧条时期，不仅没有收益，每年还会带来 30% 的损失；在一般时期，股票期货的年收益大概能达到 10%，在经济繁荣时期，股票期货的收益有时可以高达 30%。

那么，小陈应该选择哪种理财方式呢?

6.1.2 分析实际问题

通过分析可以发现，三种理财方式各有利弊，在不同的经济形势下，收益也不同，甚至有的理财方式还会带来一定的风险。为简化这个问题，可以计算在各种理财方式下，小陈这 5 万元在每种经济形势下投资一年的具体收益有多少。例如，如果小陈将 5 万元全部存入银行，无论在哪种经济形势下，小陈从中得到的收益都会是 1500 元左右。总结起来，可得出表 6-1。

表 6-1　三种理财方式在不同经济形势下的收益（万元）

经济形势	繁荣时期	一般时期	萧条时期
银行储蓄	0.15	0.15	0.15
P2P 理财	0.35	0.25	0
股票期货	1.5	0.5	−1.5

在特定的经济形势下，将三种理财方式的收益进行比较。从表 6-1 可知，单纯从收益的角度来看，在经济形势繁荣时期，对小陈来说，最好的理财方

式是选择股票期货，最不好的理财方式是银行储蓄；在经济一般时期，最好的理财方式是股票期货，最不好的理财方式仍是银行储蓄；在经济萧条时期，最好的理财方式是银行储蓄，最不好的理财方式是股票期货，不仅没有收益，还会带来损失。

经过上述分析可知：小陈要想选择对自己最有利的理财方式，必须对未来一年的经济形势做出科学预判，这样才能确保自己的投资决策正确。因此，在选择理财方式时，并不一定要选择最稳妥、没有什么风险的理财方式。也不要选择收益最大但风险也很大的理财方式，应选择在未来经济形势下最有利的理财方式。

6.1.3　投资理财中的概率问题

很多时候，我们并不能对未来做出百分之百的预判，只能通过分析总结，对某件发生或不发生的事的可能性进行衡量。遇到包含可能性的问题时，可以用概率来衡量。例如，在上面的投资问题中，如果有 50% 的可能是经济繁荣的形势，未来经济繁荣的概率就是 0.5。

一般一个事情发生的概率只能在 0 和 1 之间（包含 0 和 1）。如果某件事一定会发生，它的概率是 1，表示百分之百会发生；如果某件事根本不会发生，它的概率是 0，表示没有任何发生的可能性。例如，如果在 2018 年世界杯亚洲预选赛中，中国队不能小组出线，那么进入世界杯决赛的概率就是 0，相反，如果小组出线，就还有进入 2018 年世界杯决赛的希望，这个概率就不是 0 了。

在一件事情中，往往需要考虑发生与不发生的概率，事情发生的概率和不发生的概率相加必定等于 1。例如，抛硬币的结果无非是正面朝上和反面朝上两种情形，既然正面朝上的概率是 0.5，那么反面朝上的概率就是 1−0.5=0.5。另外，如果某件事有多种情况，这些情况下的概率相加也应该等于 1。例如，在 2014 年世界杯决赛前，阿根廷队和德国队之间的赛果只有胜、平、负三种情形。因此，这三种赛果各自发生的概率相加起来也是 1。

再回到上面的问题中，要想选择最合适的理财方式，同样要对未来的经济形势做出预判，不能草率地做出投资决策，此时需要引入概念到这个问题中来。用概率的思维分析未来的问题，考虑到各个方面的可能性，对做出正确投资决策有着至关重要的影响。

6.1.4　选择收益期望最高的理财方式

由于未来的经济形势只有繁荣、一般和萧条三种可能。因此，虽然这三种经济形势出现的概率未必相等，但它们的和必定等于 1。如果小陈对未来的经济形势进行了深入研究后，评估得出经济形势繁荣的概率是 0.4，经济形势一般的概率是 0.3，经济形势萧条的概率是 0.3。此时小陈就能准确地得到每一种理财方式在未来一年的期望收益，通过比较不同理财方式收益的期望值，选择收益期望最大的理财方式。

首先，什么是期望？

期望就是我们对某件事的期待值。期望值往往和概率有关，例如，小陈和小王在射击比赛中，小陈的实力更强，小王的实力较弱，对于下一次射击，如果不出意外的话，小陈的得分肯定会比小王高。此时衡量的就是下一次他们射击得分的期望，明显小陈的得分期望要高。

总而言之，期望表示对未来某件事的总体把握。在上面的例子中，并不是说小陈在下一次射击中的得分一定会比小王高，只说明人们对小陈下一次射击成绩的心理预期值更高，觉得小陈取得更好射击成绩的把握更大。

其次，怎么计算期望？

以上只是对期望进行了一个简单的介绍，但对期望还不知道具体应该怎么计算。要想计算期望，需要对事情的概率有一个全面的认识。从数学的观点来看，期望表示的是未来无限次重复试验下的平均值。在上面的例子中，也许下一次小陈发挥失常，导致射击成绩比小王要低，但如果继续射击 10 次，100 次，甚至 500 次呢，小陈的平均成绩一定比小王要高。

在抛硬币时，如果正面朝上计 1 分，反面朝上计 0 分，下一次抛硬币的得分会是多少呢？我们并不能准确地知道具体得分。但可以计算出未来 500 次，甚至 1 000 次得分的平均值。通常这个平均值非常接近我们的期望。

可以不用进行试验和统计，通过概率即可计算出某件事的期望是多少。在抛硬币时，正面朝上的概率是 0.5，得分是 1；反面朝上的概率也是 0.5，得分是 0。因此，抛一次硬币得分的期望是：$0.5 \times 1 + 0.5 \times 0 = 0.5$。也就是说，在计算期望时，用概率乘以这种概率下的收益，然后将所有的情形相加，就即可得到期望的准确数值。

再回到投资问题中，可以发现，对于某种理财方式来说，一共有三种情形，并且已经知道每种情形发生的概率和相应的收益。因此可以计算出每种理财方式的收益期望是多少。

在银行储蓄理财方式下：

$0.4 \times 0.15 + 0.3 \times 0.15 + 0.3 \times 0.15 = 0.15$，即银行储蓄的期望收益是 0.15

万元。

在 P2P 理财产品理财方式下：

$0.4 \times 0.35 + 0.3 \times 0.25 + 0.3 \times 0 = 0.215$，即 P2P 理财产品的期望收益是 0.215 万元。

在股票期货理财方式下：

$0.4 \times 1.5 + 0.3 \times 0.5 + 0.3 \times (-1.5) = 0.3$，即股票期货的期望收益是 0.3 万元。

最后，期望对于决策有什么帮助？

通过计算得出在未来一年内各种理财方式的期望收益，银行储蓄是 0.15 万元，P2P 理财产品是 0.215 万元，股票期货是 0.3 万元。在选择理财方式时，一般考虑的是什么样的理财方式能够获益最大。因此，选择收益期望最大的那种就意味着有可能获得更多收益。通过比较发现，股票期货的投资收益期望最大。因此，小陈应该选择股票期货作为自己在未来一年内的理财方式。

6.1.5　不可忽视的风险和不稳定性

通过上面的分析，如果仅从投资收益的角度来看，收益期望最大的理财方式是股票期货。假如你是小陈，你是否会毫不犹豫地将这 5 万元钱投入股票期货市场中呢？

在做投资决策时，任何人的内心都会出现波动与不安，毕竟 30% 的可能性并不是低概率事件，一旦经济形势变得萧条起来，不仅没有收益，这 5 万元还要损失 1.5 万元。相反，如果选择其他两种理财方式，根本不用担心这 5 万元会有任何损失，特别是选择银行储蓄理财方式时，投资收益相对是稳定的。

在投资中，除了需要考虑收益，还要顾及投资中的风险和收益的稳定性。从上述三种理财方式来看，风险最大的是股票期货，其他两种不会让 5 万元本金产生损失，因此可以视为没有风险。从收益的稳定性来看，股票期货也是最不稳定的，P2P 理财产品较不稳定，银行储蓄是最稳定的。

因此，在做投资决策时，需要综合考虑，虽然选择股票期货带来的收益期望最大，但风险也最大。P2P 理财产品虽然不会让本金有损失，没有什么太大风险，并且收益期望仅次于股票期货，大于银行储蓄。因此，小陈最好的投资决策应是将这 5 万元购买 P2P 理财产品。

6.2　为什么银行会发生挤兑现象

银行作为一种最保险的投资方式，受到了许多厌恶风险人士的欢迎，被视为从来不会损失本金的存钱方式。但是，无论是在历史上，还是现代社会，银行都发生过一些破产倒闭，导致客户在银行的存款受到影响，甚至所有本金都一去不返。在探究银行倒闭或破产的原因时会发现，很多是由于和银行相关负面信息的传播，这些信息未必真实，但是大量储蓄客户担心自己存在该银行的本金会受到损失，纷纷从银行提款，这就是银行发生挤兑，从而陷入真正的危机，最后走向倒闭破产的境地。

6.2.1 银行挤兑危机的真实案例

2014 年 3 月，网上一条关于"江苏射阳农村商业银行遭遇近千群众挤兑现金"的新闻成为关注热点。据报道称，当天，射阳农村商业银行设在盐城环保产业园的一个网点遭遇近千群众挤兑现金，银行门前人头攒动，许多人在向营业大厅内挤，取款队伍一直排到营业厅外。

引发"挤兑事件"起因竟是一条关于"射阳农村商业银行要倒闭"的谣言，最终导致射阳农村商业银行不得不紧急调取大批现金，保障兑付供应。同时在营业大厅内，多名警察在现场维持秩序，银行工作人员也不停地用喇叭向群众喊话，劝大家不要相信谣言。

6.2.2 建立博弈模型

在现实生活中，一家银行的储蓄客户成千上万，储蓄的总资金更有可能达到百亿、千亿级别。为简化问题，假设某一家银行只有甲乙两个储蓄客户。挤兑从本质上来说也是一个博弈的过程，至少需要两个人参与。

假设银行现有的全部存款是甲乙两个储户的存款。其中，每个储蓄客户存了 100 万元定期存款，而银行拿 200 万元用来投资，赚取利差。甲乙储蓄客户的存取方式都是定期。若到期，银行可以返给甲乙储蓄客户 120 万元，这也是定期存款的激励。

对于储蓄客户提前取款的行为，允许储蓄客户提前取款。同时规定，只要银行有能力，就要返回本金，即允许储蓄客户取回原来的 100 万元。但这样一来，银行和投资对象的协议就会取消，银行只能取回 140 万元。在返还提前取款的储蓄客户 100 万元之后，银行到期取款的储户只能得到 40 万元。

可以得到银行挤兑现象的博弈模型如下：

博弈参与方：储蓄客户甲、储蓄客户乙；

博弈策略：储蓄客户甲（提前取款、到期取款）、储蓄客户乙（提前取款、到期取款）；

博弈的收益：

（1）如果储蓄客户甲乙双方都选择到期取款，银行能顺利将 200 万元用于投资，并能返给每个储蓄客户 120 万元；

（2）如果储蓄客户甲提前取款，即使储蓄客户乙是到期取款，银行也不能顺利完成 200 万元的投资。也就是说，银行只能从投资中取回 140 万元。这时甲能收回本金，也就是 100 万元。而乙到期只能取回剩下的 40 万元，乙的本金受到损失；

（3）如果储蓄客户乙提前取款，即使储蓄客户甲是到期取款，银行同样也不能顺利地完成 200 万元的投资，只能从投资中取回 140 万元。这时只有乙能收回本金 100 万元，甲到期只能取回剩下的 40 万元，甲的本金受到损失；

（4）如果储蓄客户甲乙双方都选择提前取款，银行必然不能顺利地完成 200 万元的投资，只能从投资中取回 140 万元。这时银行只能返还给每个储蓄客户 70 万元，甲乙两储蓄客户的本金都受到损失。

6.2.3 分析双方的最佳策略

首先，列出博弈双方的收益表。

根据上面的博弈模型，可以将甲乙各自的策略和相应的收益列成一个表，帮助我们清晰地比较储蓄客户甲和储蓄客户乙各自的收益。如表 6-2 所示。

表 6-2 储蓄客户甲、乙之间的博弈

甲＼乙	到期取款	提前取款
到期取款	120，120	40，100
提前取款	100，40	70，70

其次，从表格中找到各自的最佳策略。

根据表格 6-2 可以得到，从储蓄客户甲的角度来看，假设储蓄客户乙决定到期取款，甲的最佳策略就是选择到期取款，这时候甲的收益更多，能从银行取得 120 万元；假设储蓄客户乙决定提前取款，甲的最佳策略则是选择提前取款。因为此时虽然取不回全部本金，但提前取款能使自己的损失更少。

同样，从乙的角度来看，假设甲决定到期取款，乙的最佳策略也是选择到期取款，因为此时能够获得更多的利益；假设甲决定提前取款，乙的最佳策略也是选择提前取款，因为此时提前取款能使自己的损失更少。

最后，在表格中对最佳策略进行标注。

在表格 6-2 中，对甲来说，当乙选择提前取款时，甲的最佳策略也是选择提前取款，此时双方的收益都是 70，用下划线标注表格中（70，70）左边的 70；当乙选择到期取款时，甲的最佳策略也是选择到期取款，此时双方的收益都是 120，用下划线标注表格中（120，120）左边的 120。

同样，对乙来说，当甲选择提前取款时，乙的最佳策略也是选择提前取款，此时双方的收益都是 70，用下划线标注表格中（70，70）右边的 70；当甲选择到期取款时，乙的最佳策略也是选择到期取款，此时双方的收益都是 120，用下划线标注表格中（120，120）右边的 120。

综合起来，得到博弈过程中的两个纳什均衡：

- 储蓄客户甲乙都选择到期取款，此时两人都能从银行取得 120 万元；

- 储蓄客户甲乙都选择提前取款，此时两人只能从银行取得 70 万元，每个人的本金损失 30 万元。

因为当两人都选择到期取款时，无论是谁改变策略，得到的收益都会更少，也就是只能取回本金；当两人都选择提前取款时，无论是谁改变策略，受到的损失都会更多，只能取回 70 万元，损失达到 30 万元。

结合前面的案例，可以得出，当人们听到和银行相关的负面消息，无论是否可信，都会对自己存在银行中的本金产生担忧。一旦看到有人提前取款，为了自己的本金不受损失，就会跟着去该银行取款，这时就会发行银行挤兑现象。

6.3　选择收益最大的投资组合

现在投资方式丰富多样，周边投资理财产品层出不穷，各种各样的投资方案让人眼花缭乱。稍微有点投资常识的人都知道,鸡蛋不能同时放到一个篮子中。为降低风险,应分散投资。在面对众多投资理财方案时,怎样找到一个完美的投资组合方案,让有限的资金得到最大收益,是一个典型的运筹学问题。

6.3.1　如何让投资的收益最大

在经历了 2015 年的股市动荡之后,资深股民老李忍痛"割肉",把投入股市中的最后 10 万元资金取出来,准备用于其他投资。老李过去一直沉迷于炒股,不知道现在已经有许多投资项目。老李考察一番,决定在以下两个投资项目之间选择:

第一个投资项目:可能的最大盈利率是 100%,可能的最大亏损率是 30%;

第二个投资项目:可能的最大盈利率是 50%,可能的最大亏损率是 10%。

现在,老李用来计划的投资总额不超过 10 万元,并要确保可能的资金亏损不超过 1.8 万元。老李应对这两个项目如何投资,才能使可能的盈利达到最大?

6.3.2　分析实际问题

首先,用表格简化问题。

根据问题中两个项目的盈利和亏损情况,可以得到表 6-3。

表 6-3　两个项目的盈利亏损情况

项目名称	最大盈利率	最大亏损率
第一个项目	100%	30%
第二个项目	50%	10%

其次，找到各个事物之间的关系。

在投资问题中，无论是第一个项目还是第二个项目，从项目中可能得到的最大盈利与投入该项目的资金是线性关系，投入该项目的资金越多，可能得到的最大盈利越多；同样，从项目中可能受到的最大亏损与投入该项目的资金也是线性关系，投入该项目的资金越多，可能受到的最大亏损也越多。

最后，找到问题的限制条件和目标。

在这个问题中，所要满足的条件是投资总额和可能的资金亏损有一定限制，目标是让可能的盈利达到最大，可以得出下面两个条件和一个目标：

（1）投资的总额不能超过 10 万元，即投资第一个项目的资金与投资第二个项目的资金之和不能超过 10 万元；

（2）可能的资金亏损不能超过 1.8 万元，即投资第一个项目可能的资金亏损与投资第二个项目可能的资金亏损之和不能超过 1.8 万元；

目标：投资第一个项目可能的盈利与投资第二个项目可能的盈利之和，这个目标越大越好。

6.3.3　建立数学模型

首先，根据未知信息设置未知数。

在这个问题中，不知道的信息有两个，一是老李应该投入多少资金到第一个项目，二是老李应该投入多少资金到第二个项目。因此，不妨假设老李投资 x 万元到第一个项目，投资 y 万元到第二个项目。

此时可得出其他重要信息：投资第一个项目可能的盈利是 x 万元，可能的亏损是 $0.3x$ 万元；投资第二个项目可能的盈利就是 $0.5y$ 万元，可能的亏损是 $0.1y$ 万元。

其次，用数学式表达条件和目标。

在这个问题中，根据条件（1）投资的总额不能超过 10 万元，可以得出数学模型中的第一个条件：

（1） $x + y \leq 10$；

根据条件（2）可能的投资亏损不能超过 1.8 万元，可以得出数学模型的第二个条件：

（2） $0.3x + 0.1y \leq 1.8$；

对于这个问题的目标，即可能的盈利要越大越好。因此，可以将这个目标在数学模型中表示出来：

目标： $x + 0.5y$，求最大值。

最后，考虑未知数所要满足的基本条件。

在这个问题中，金额只要不小于 0 即可。因此，可以得到模型中的 x 和 y 的值都需要满足下面的基本条件：

x, $y \geqslant 0$。

综合起来，得出生产中求最大效率生产方案的数学模型：

目标：$x + 0.5y$，求最大值；

条件：（1）$x + x \leqslant 10$；

　　　　（2）$0.3x + 0.1y \leqslant 1.8$；

　　　　　　x, $y \geqslant 0$。

6.3.4　求解最优方案

从模型中可以看出，这个问题中的条件和目标都是线性关系，并且未知数并不要求都是整数，可知这个问题是一个线性规划问题。因此，可以直接利用图解法求得最优的解决方案。

首先，画出最优方案的选择范围。

根据未知数 x, y，建立一个坐标系，其中 x 轴表示投入第一个项目的资金，y 轴表示投入第二个项目的资金。由条件（1）和条件（2）可知，将 $x + y=10$ 和 $0.3x + 0.1y=1.8$ 用图 6-1 中的实线表示，再结合实际情况，可以得到这两条直线和坐标系围成的区域即为寻找最优解的范围，即图 6-1 中的阴影部分。

其次，在坐标图中用虚线表示目标。

在图 6-1 中将目标 $x+0.5y$ 表示为图中的虚线，移动表示目标的虚线，可以发现移动到两条直线的交点A时，目标值达到最大，并且此时也在范围之内。也就是说，A点表示的解是线性规划问题的最优解，如图6-2所示。

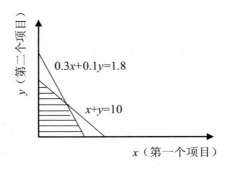

图 6-1　阴影部分是寻求最优解的范围

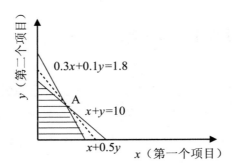

图 6-2　移动到 A 点时目标值达到最大

最后，求得最优方案。

既然已经确定在 A 点时目标值会达到最大。A 点的坐标即为问题的最优解决方案。由 $0.3x+0.1y=1.8$ 和 $x+y=10$ 可以得到 A 点的坐标是（4，6），即线性规划问题的最优解是 $x=4$，$y=6$，此时目标值达到最大，最大值是：

$4 + 0.5 \times 6 = 7$。

因此，老李应该在第一个项目中投入 4 万元，在第二个项目中投入 6 万元，这样才可能使盈利达到最大，最大盈利是 7 万元。

6.4　怎样转账才能使手续费最低

很多时候，银行之间、第三方支付机构之间、银行和第三方支付机构之间相互转账需要手续费，并且在不同情况下手续费也有所不同。怎样转账才能使手续费最低呢？这其实是一个关于图形的运筹学问题。

6.4.1　怎样转账手续费最低

在 5 个人中，银行账号之间可以互相转账，由于这些账号所在的银行不同，因此这些账号之间转账的手续费也不相同。每次转账，系统会自动从银行卡中扣除手续费。这 5 人之间的转账情况如图 6-3 所示。A、B、C、D、E 表示 5 个人，两点之间的连线表明这两人能够进行银行转账，连线上的数字表示转账手续费，单位是 1%。

现在，A 准备给 E 转 100 元，E 最多能收到多少元呢？

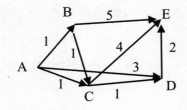

图 6-3　5 人之间的转账情况

6.4.2　寻找最短路径

在这个问题中，E 收到的是 100 元扣除转账手续费之后的部分，A 到 E 之间的总手续费最少，E 收到的钱才最多。因此，这个问题的本质是寻找 A 到 E 之间的最短路径。

同样，利用迪杰斯特拉算法寻找从 A 到 E 的最短路径。

对于 B 点：

由图 6-3 可知，从 A 到 B 只有 A—B 这条路径。因此，从 A 到 B 的最短路径就是 A—B，长度是 1。

对于 C 点：

由图 6-3 可知，从 A 到 C 有两条路径，A—C，长度是 1，A—B—C，长度是 2。显然前者更短。因此，A—C 就是 A 到 C 的最短路径，长度是 1。同时，删掉不在最短路径中的连线 B—C，用虚线表示删除 B—C，如图 6-4 所示。

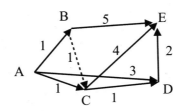

图 6-4　删去 B—C

对于 D 点：

由图 6-4 可知，从 A 到 D 有两条路径，A—C—D，长度是 2，A—D，长度是 3。显然前者更短，因此，A—C—D 是从 A 到 D 的最短路径，长度是 2。同时，删掉不在最短路径中的连线 A—D，用虚线表示删除 A—D，如图 6-5 所示。

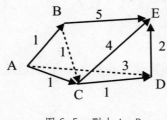

图 6-5　删去 A—D

对于 E 点：

由图 6-5 可知，只需考虑三条从 A 到 E 的路径，A—B—E，长度是 6，A—C—E，长度是 5，A—C—D—E，长度是 4。显然，最后一条的长度最短。因此，从 A 到 E 之间的最短路径是 A—C—D—E，长度是 4。

从以上结论可知，从 A 到 E 的最低手续费是 4%，这时 E 能够收到的钱最多，是 96 元。

第七章

运筹学在人力资源中的应用

人力资源是每个公司不可忽视的重要组成部分，没有人力资源，就不可能有公司的正常运转。尤其在现代社会，人力资源在公司发展中起着至关重要的作用，公司对员工的招聘和管理也更加重视。怎样找到合适的人才，让他们成为公司的员工；怎样调动员工的积极性，不让员工偷懒；怎样分配好各项工作，让员工的工作量尽可能饱和；怎样进行分工合作，充分利用员工的工作时间；等等。以上这些都是每个公司无法回避的基本问题，在本质上来说都是运筹学问题，可以用运筹学的方法找出答案。

7.1　餐厅该如何引进最合适的技术人才

随着"互联网 +"的发展，越来越多的传统制造业、服务业等纷纷利用互联网提高生产效率或服务质量。互联网已经逐渐渗入各行各业，企业对互联网技术人才的需求也越来越大。但在传统的制造业、服务业中，由于公司自身实力有限，或在技术方面存在短板。因此，引进外包技术人员是一个非常不错的选择。利用外来技术支持，起到优化的作用。

7.1.1　怎样引进技术人员最合适

小张夫妇二人早几年前便在路口边开了一家小餐厅。由于所在位置人流量大，厨艺一流，服务态度好，餐厅越来越红火。如今，两人不得不招聘更多的员工，并将餐厅进行装修升级。现在，小张夫妇准备为餐厅开发一套 ERP 系统，以方便管理每天的开销。由于两人不懂技术，也没有更多的精力组建技术团队，因此两人决定向其他公司引进外包技术人员，预计共需 11 名相关技术人员。现在，有甲乙两家公司提供技术支持的方案可供选择。其中，甲公司提供的可选方案是每三人两万元，乙公司提供的可选方案是每五人三万元。

小张夫妇应该做出怎样的安排，既能满足开发系统的需要，又能使引进技术人员的成本最低呢？

7.1.2　建立数学模型

首先，弄清楚问题的类型。

在实际问题中，发现各个事物之间的关系是线性的：无论餐厅采取甲公司提供的方案，还是采取乙公司提供的方案，餐厅引进技术人员的人数和餐厅的花费是线性关系，餐厅引进技术人员的人数越多，总花费也越多。因此，这个问题是一个线性规划问题。

其次，分析问题的限制条件和目标。

在这个问题中，餐厅至少需要 11 名相关技术人员。也就很容易得到一个限制条件：餐厅从甲公司引进的技术人员数量和从乙公司引进的技术人员数量之和要大于或者等于 11。由于问题要求是成本最低的方案，得出这个问题的目标是：引进外包技术人员的总花费，目标值越小越好。

最后，建立相应的数学模型。

在这个问题中，未知的信息应该是在甲、乙公司各引进多少名技术人员。需要注意的是，在甲公司引进的技术人员数量必须以三人为一个单位，在乙公司引进技术人员的数量必须以五人为一个单位。因此，在设置未知数时，如果直接设置引进甲公司的技术人员是 x 人，引进乙公司的技术人员是 y 人，需考虑这两个未知数的基本条件，即 x，y 不仅要大于或等于 0，y 还要是 3 的倍数，y 是 5 的倍数，这就增加了数学模型的复杂程度。所以在设置未知数时，可假设从甲公司引进 x 组技术人员，三人为一组，从乙公司引进 y 组技术人员，五人为一组。

根据前面设置的未知数，可将条件和目标表示为数学式。其中，由餐厅从两个公司引进的技术人员总数应该大于或等于 11，得出数学模型的条件是：

$3x + 5y \geq 11$。

因为引进外包技术人员的花费越小越好，得出数学模型的目标是：$2x + 3y$，求最小值。再考虑未知数所要满足的基本条件，在这个问题中，甲、乙两公司为餐厅提供的技术人员组数不能小于 0，且必须是整数，不能是小数，可得出数学模型中 x，y 的基本条件：x，$y \geq 0$，且 x，y 都是整数。

总结起来，实际问题的数学模型如下：

目标：$2x + 3y$，求最小值；

条件：$3x + 5y \geq 11$；

x，$y \geq 0$，且 x，y 都是整数。

7.1.3 求解整数规划问题

现在，只需求解上述数学模型，即可得到原来问题的最优解决方案。由于 x，y 要求都是整数，因此问题可以当作整数规划问题处理，可以用图解的形式和分支定界法求得最优解决方案，具体解决步骤如下：

首先，当作是一般的线性规划问题处理。

对于一个整数规划问题，在建立数学模型后，通常先将其当作一般的线性规划问题处理，先求得线性规划问题的最优解。因此，可以用图解法求出线性规划问题的最优解。

目标：$2x + 3y$，求最小值；

条件：$3x + 5y \geq 11$；

$x，y \geq 0$。

对于线性规划问题，先确立以 x（甲公司）为横轴，y（乙公司）为纵轴的直角坐标系，在坐标系中画出直线 $3x + 5y = 11$，得出线性规划问题最优解的选择范围，也就是图 7-1 中直线 $3x + 5y = 11$ 上方的区域，即图中的阴影部分。用虚线表示目标 $2x + 3y$，上下移动虚线。可以发现，当表示目标 $2x + 3y$ 的虚线移动到直线 $3x + 5y = 11$ 与 y 轴的交点，也就是 A 点时，目标值达到最小，且在最优解的选择范围之内。

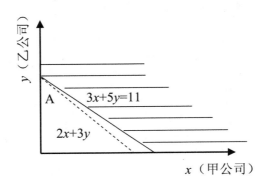

图 7-1　餐厅引进技术人员的线性规划问题

通过移动虚线找到目标值最小的点（A 点），即为最佳解决方案。其中，A 点的 x 坐标表示应该从甲公司引进多少组技术人员，A 点的 y 坐标表示应该从乙公司引进多少组技术人员。由于 A 点是直线 $3x + 5y = 11$ 与 y 轴的交点，将 $x = 0$ 代入直线方程 $3x + 5y = 11$ 中，得到 $y = 2.2$，得出线性规划问题的最优解是：$x = 0$，$y = 2.2$。

其次，将原来的问题进行分支定界。

显然，上面得到的最优解中 y 是小数，不符合 y 必须是整数这一条件。此时需要根据上述最优解进行分支定界，最后才能得出整数最优解。根据 $y=2.2$，可知 y 的选择范围只能是 $y \leq 2$ 或 $y \geq 3$，因为 $2<y<3$ 中的 y 都是小数，不可能出现最优整数解。将 $y \leq 2$ 和 $y \geq 3$ 当作条件分别加入原来的问题中，关于 x 的条件仍是 $x \geq 0$，将原来的整数规划问题分支为下面的问题（1）和（2）。再求出这两个问题的最优整数解，再选择其中目标值较小的那个，就是原来问题的最优整数解。

问题（1）

目标：$2x + 3y$，求最小值；

条件：$3x + 5y \geq 11$；

$\quad\quad x \geq 0,\ 0 \leq y \leq 2$；

$\quad\quad x,\ y$ 都是整数。

问题（2）

目标：$2x + 3y$，求最小值；

条件：$3x + 5y \geq 11$；

$\quad\quad x \geq 0,\ y \geq 3$；

$\quad\quad x,\ y$ 都是整数。

先求出问题（1）的最优解。

对问题（1）来说，可以用图解法求出其最优解，然后判断解符不符合整数条件。对于问题（1）最优解的选择范围，可在图 7-1 中加入一条直线 $y=2$，如图 7-2 所示。直线 $y=2$ 将原来的区域切割成上下两部分，下部分即为问题（1）的最优解的选择范围，也就是图 7-2 中的阴影部分。

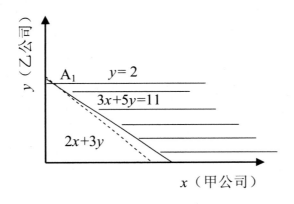

图 7-2　问题（1）的线性规划

在图 7-2 中用虚线将问题（1）的目标 $2x + 3y$ 表示出来。通过移动虚线可以发现，当将虚线移动到图中直线 $3x+5y=11$ 与 $y=2$ 的交点，也就是 A_1 点时，整个目标值达到最小，A_1 点的坐标表示问题（1）的最优解决方案。

考虑到 A_1 点是直线 $3x+5y=11$ 与 $y=2$ 的交点，将 $y=2$ 代入 $3x+5y=11$ 之中，得出 $x=0.33$，即 A_1 点的坐标是（0.33，2），此时目标 $2x + 3y$ 的值是 6.66。因此，$x=0.33$，$y=2$ 是问题（1）的最优解。

再求问题（2）的最优整数解。

对问题（2）来说，同样可以用图解法求出其最优解，然后判断解符不符合整数条件。对于问题（2）最优解的选择范围，可在图 7-1 中加入一条直线

$y=3$，如图 7-3 所示。直线 $y=3$ 将原来的区域切割成上下两部分，上部分即为问题（2）的最优解的选择范围，也就是图 7-3 中的阴影部分。

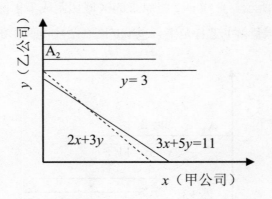

图 7-3 问题（2）的线性规划

在图 7-3 中用虚线将问题（2）的目标 $2x + 3y$ 表示出来。通过移动虚线可以发现，当将虚线移动到图中 y 轴与 $y=3$ 的交点，也就是 A_2 点，整个目标值达到最小，A_2 点的坐标表示问题（2）的最优解决方案。考虑到 A_2 点是 y 轴与 $y=3$ 的交点，可以得出 $x=0$，A_2 点的坐标即为（0，3），此时目标 $2x + 3y$ 的值是 9。因此，$x=0$，$y=2$ 是问题（2）的最优解。由于 x 和 y 均是整数，所以 $x=0$，$y=2$ 就是问题（2）的最优整数解。

通过比较问题（1）和问题（2）的最优解可以发现，虽然问题（2）的最优解已经是整数，但它的目标值要比问题（1）最优解的目标值小，因此，问题（1）中仍然可能包含整个问题的最优整数解。

其次，继续将问题（1）进行分支定界。

问题（1）仍然可能包含最优整数解，但问题（1）的最优解中 x 并不是整数。因此，仍需要对问题（1）进行分支定界。由于 $x = 0.33$ 是最优解。可以得

到 x 的选择范围只能是 $x \leq 0$ 和 $x \geq 1$ 这两个区域，因为 $0 < x < 1$ 中 x 的取值只能是小数。由于 $x \geq 0$ 是必须满足的条件，因此，$x \leq 0$ 就相当于 $x=0$。将 $x=0$ 和 $x \geq 1$ 当作条件分别加入原来的问题（1）中，y 的条件仍然是 $0 \leq y \leq 2$，可将整数规划问题（1）分支为下面的问题（1-1）和（1-2）。再求出最优整数解，选择其中目标值较小的那个，即为原来问题（1）的最优整数解。

问题（1-1）

目标：$2x + 3y$，求最小值；

条件：$3x + 5y \geq 11$；

　　　$x=0$，$0 \leq y \leq 2$；

　　　x，y 都是整数。

问题（1-2）

目标：$2x + 3x$，求最小值；

条件：$3x + 5y \geq 11$；

　　　$x \geq 1$，$0 \leq y \leq 2$；

　　　x，y 都是整数。

上面的两个问题也可以用图解法求出各自的最优解。对于问题（1-1），在图 7-2 中加入直线 $x=0$，即可求出其线性规划图解，如图 7-4 所示。当 $x=0$ 时，已经找不到可以满足条件的选择范围。因此可以得出问题（1-1）没有可行解。

通过计算也可以发现问题（1-1）根本无法求出满足所有条件的可行解，因为 y 的最大值是 2，$x=0$，此时 $3x + 5y = 3 \times 0 + 5 \times 2 = 10$，小于 11，不满足条件 $3x + 5y \geq 11$。

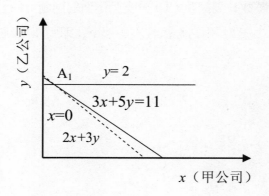

图 7-4　问题（1-1）的线性规划

对于问题（1-2），在图 7-2 中加入直线 $x=1$，即可求出其线性规划图解，直线 $x=1$ 将图 7-2 中的阴影部分切割成两部分，它和直线 $y=2$、$3x+5y=11$ 所围成的右边的阴影部分即为问题（1-2）最优解的选择范围，如图 7-5 所示。

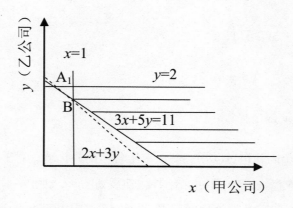

图 7-5　问题（1-2）的线性规划

用虚线将问题（1-2）的目标 $2x + 3y$ 表示出来，可以上下移动。通过移动虚线可以发现，当虚线移动到图中直线 $x=1$ 与 $3x + 5y=11$ 的交点，也就是 B 点时，整个目标值达到最小，B 点的坐标即为问题（1-2）的最优解决方案。考虑到 B 点是 $x=1$ 与 $3x + 5y=11$ 的交点，将 $x=1$ 代入 $3x + 5y=11$ 之中，得到 $y=1.6$，即 A_1 点的坐标是（1，1.6），此时目标 $2x + 3y$ 的值是 6.8。因此，$x=1$，$y=1.6$ 是问题（1-2）的最优解。

由于问题（1-1）不可行，只考虑问题（1-2）即可。问题（1-2）的最优解的目标值是 6.8，问题（2）的最优解的目标值是 9，因此，问题（1-2）中仍然可能包含最优整数解。也就是说，仍需对问题（1-2）进行分支定界，直到找到它的最优整数解为止。

最后，仍对问题（1-2）进行分支定界。

在问题（1-2）中，由于最优解中 $y = 1.6$ 是小数。因此，可以得到 y 的选择范围只能是 $y \leqslant 1$ 和 $y \geqslant 2$ 这两个区域，因为在 $0<y<1$ 中 y 的取值只能是小数。由于问题（1-2）中规定 y 的范围是 $0 \leqslant y \leqslant 2$，如果再考虑 $y \geqslant 2$，就相当于只有 $y = 2$。将 $y \leqslant 1$ 和 $y=2$ 当作条件分别加入原来的问题（1-2）中，x 的条件仍然是 $x \geqslant 1$，即可将整数规划问题（1-2）分支为下面的问题（1-2-1）和（1-2-2）。再求两个问题的最优整数解，选择其中目标值较小的那个，即为原来问题（1-2）的最优整数解。

问题（1-2-1）

目标：$2x + 3y$，求最小值；

条件：$3x + 5y \geqslant 11$；

　　　$x \geqslant 1, 0 \leqslant y \leqslant 1$；

x，y 都是整数。

问题（1-2-2）

目标：$2x + 3y$，求最小值；

条件：$3x + 5y \geq 11$；

$x \geq 1$，$y = 2$；

x，y 都是整数。

对于上面两个问题，可利用图解法求出各自的最优解。得到问题（1-2-1）的最优解是 $x = 2$，$y = 1$，此时的目标值是 7，问题（1-2-2）的最优解是 $x = 1$，$y = 2$，此时的目标值是 8。通过比较两个最优解可以发现，问题（1-2-1）的最优解目标值更小，并且 x，y 都是整数，得到原来问题（1-2）的最优整数解是 $x = 2$，$y = 1$，此时的目标值是 7，由于问题（1-1）不可行，即可得出原来问题（1）的最优整数解是 $x = 2$，$y = 1$，目标值也是 7。

继续比较问题（1）和问题（2）的最优解，问题（2）的最优解是 $x = 0$，$y = 3$，目标值是 9。相较之下，得出原来问题最优整数解即为问题（1）的解，也就是 $x = 2$，$y = 1$，此时目标值达到最小，最小目标值是 7，餐厅引进技术人员的最佳方案如下：从甲公司引进两组技术人员（共 6 人），从乙公司引进一组技术人员（共 5 人），此时总花费达到最低，是 7 万元。

7.1.4　用动态规划解决问题

以上方法是将实际问题当作整数规划问题，然后求出其最优整数解，其中需要用到图解法解决多个问题，整个过程比较烦琐。这个问题还可以用更好的方法求出其最优解决方案，可利用动态规划方法解决问题。

首先，全面分析问题。

在这个问题中，需要注意的是，甲公司和乙公司提供的方案中分别是以三人为一组和以五人为一组，也就是说，甲公司为该餐厅提供的技术人员数量必须是 3 的倍数，乙公司为该餐厅提供的技术人员的数量必须是 5 的倍数。因此，如果该餐厅只需要 1 名或 2 名技术人员，无论其选择甲公司还是乙公司的报价，它仍然需要按照一组的价钱给选中的那个公司。

其次，将问题进行细分。

对这家餐厅而言，只有甲乙两公司提供的方案可供选择。因此，最佳方案必定是包含一组甲公司的外包技术人员（3 人），或包含一组乙公司的外包技术人员（5 人）。因此，原来的问题可以细分（如图 7-6 所示）为如下的两个问题：

（1）餐厅首先选择一组甲公司的外包技术人员（3 人），继续寻找满足 8 名技术人员需求的最佳方案。此时，餐厅付出的人力成本是 2 万元。

（2）餐厅首先选择一组乙公司的外包技术人员（5 人），继续寻找满足 6 名技术人员需求的最佳方案。此时，餐厅付出的人力成本是 3 万元。

图 7-6 引进外包人员的细分问题

最后，从最基本的问题着手。

上述细分得到的小问题仍然比较复杂，因此需要继续进行细分。对于问题（1）中如何寻找满足 8 人需求的最佳方案，又可以进一步细分为下面的两个问题：

问题（1-1）先选择从甲公司引进一组技术人员，人数是 3 人，再寻找满足 5 人需求的最佳方案。此时餐厅花费 2 万元。对于如何满足 5 人的需求，既可以直接从乙公司引进一组技术人员，人数是 5 人，需要为此花费 3 万元，也可以从甲公司引进两组技术人员，人数是 6 人，需要为此花费 4 万元。显然，餐厅直接从乙公司引进一组技术人员的成本更低。

问题（1-2）先选择从乙公司引进一组技术人员，人数是 5 人，再寻找满足 3 人需求的最佳方案。此时餐厅花费 3 万元。对于如何满足 3 人的需求，既可以直接从甲公司引进一组技术人员，人数是 3 人，需要为此花费 2 万元，又可以直接从乙公司引进一组技术人员，人数是 5 人，需要为此花费 3 万元。显然，餐厅直接从甲公司引进一组技术人员的成本更低。

综合问题（1-1）和（1-2）可以得出，满足 8 人需求的最佳方案是从甲公司引进一组技术人员，从乙公司引进一组技术人员，最终成本是 5 万元。从而得到问题（1）的最优解决方案是从甲公司引进两组技术人员，从乙公司引进一组技术人员，总花费是 7 万元。

对于问题（2）中如何寻找满足 6 人需求的最佳方案，又可以进一步细分为下面的两个问题：

问题（2-1）先选择从甲公司引进一组技术人员，人数是 3 人，再寻找满足 3 人需求的最佳方案。此时餐厅已经花费 2 万元。对于如何满足 3 人的需求，由（1-2）可知，直接从甲公司引进一组技术人员，人数刚好是 3 人，这是最佳选择方案。

问题（2-1）先选择从乙公司引进一组技术人员，人数是 5 人，再寻找满足 1 人需求的最佳方案。此时餐厅花费 3 万元。对于如何满足 1 人的需求，直接从甲公司引进一组技术人员，花费是 2 万元，从乙公司引进一组技术人员需要花费 3 万元。显然，最佳的选择是从甲公司引进一组技术人员。

综合问题（2-1）和（2-2）可以得出，满足 6 人需求的最佳方案是从甲公司引进两组技术人员，花费是 4 万元。得出问题（2）的最优解决方案是从甲公司引进两组技术人员，人数达到 6 人，从乙公司引进一组技术人员，人数为 5 人，此时的总花费也是 7 万元。

综合上面的分析可以得出：无论是问题（1）还是问题（2），最优解决方案都是从甲公司引进两组技术人员（共 6 人），从乙公司引进一组技术人员（共 5 人），此时总花费达到最低，是 7 万元。这个方案即为餐厅应该选择的最佳解决方案。对于这个问题，可将整数规划解法和动态规划解法进行比较，可以发现动态规划解法更加简单方便，不用进行过多的计算。

7.2 管理人员怎样分配任务最合适

对于管理人员来说，经常要面临这样一个问题：有几项工作需要完成，恰好有几个员工可以完成这些工作。但由于工作性质和员工的专长各不相同，每个员工完成这些工作的效率各不相同。此时，应安排哪个员工去完成哪项工作，才能使所有工作完成的总效率最高。或将几项任务外包，有几个外包工作人员可供选择，怎样选择外包工作人员使总花费最少。这些问题也可以利用运筹学的方法解决。

7.2.1　怎样使任务完成的总花费最低

　　某公司需要外包 A、B、C 三项工作任务，现在有甲、乙、丙三个外包人员都可以完成工作任务。由于他们对任务的报价各不相同，如表 7-1 所示。由于该公司需尽快完成这些工作任务。因此，公司只会给某个外包工作人员分配一项工作任务。为保证工作任务的顺利进行，使外包的总花费达到最低，这家公司应该怎样确定分配方案？

表 7-1　三个外包工作人员的报价（单位：万元）

任务	A	B	C
甲	2	4	7
乙	5	3	2
丙	7	5	8

7.2.2　分析实际问题

　　在这个问题中，最终需要确定的无非是三个问题：应该选择甲、乙、丙分别完成哪一项任务。进一步，在考虑将哪一项任务外包给甲时，由于只有三项工作任务供甲选择，也可以看成是以下三个选择：是否将任务 A、B、C 分配给甲。

　　对于这些"选择题"，可以看作是 0-1 规划问题，将选中的情况用 1 表示，未选中的情况用 0 表示。共有 9 种情况需要考虑。

　　首先，设置未知数，简化问题。

对每一个外包工作人员，可以进行如下假设：

对甲来说，不妨假设是否将任务 A 分配给甲用 x_{11} 表示，是否将任务 B 分配给甲用 x_{12} 表示，是否将任务 C 分配给甲用 x_{13} 表示，其中，x_{11}、x_{12} 和 x_{13} 是 0 或 1；

对乙来说，不妨假设是否将任务 A 分配给乙用 x_{21} 表示，是否将任务 B 分配给乙用 x_{22} 表示，是否将任务 C 分配给乙用 x_{23} 表示，其中，x_{21}、x_{22} 和 x_{23} 是 0 或 1；

对丙来说，不妨假设是否将任务 A 分配给丙用 x_{31} 表示，是否将任务 B 分配给丙用 x_{32} 表示，是否将任务 C 分配给丙用 x_{33} 表示，其中，x_{31}、x_{32} 和 x_{33} 是 0 或 1；

总结起来，可以得到甲、乙、丙三个外包工作人员的分配情况如表 7-2 所示。

表 7-2　三个外包工作人员的分配表

任务	A	B	C
甲	x_{11}	x_{12}	x_{13}
乙	x_{21}	x_{22}	x_{23}
丙	x_{31}	x_{32}	x_{33}

再根据表 7-1 可知，任务 A 的外包费用是 $2x_{11} + 5x_{21} + 7x_{31}$，任务 B 的外包费用是 $4x_{12} + 3x_{22} + 5x_{32}$，任务 C 的外包费用是 $7x_{13} + 2x_{23} + 8x_{33}$；同时，可得出该公司需要付给三名外包工作人员的费用。其中，付给甲的费用是 $2x_{11} + 4x_{12} + 7x_{13}$，付给乙的费用是 $5x_{21} + 3x_{22} + 2x_{23}$，付给丙的费用是 $7x_{31} + 5x_{32} + 8x_{33}$。

其次，用数学式列出 0-1 规划问题的条件和目标。

優化之道：生活中的運籌學思維

在這個問題中，公司外包三個任務的總花費是 $2x_{11} + 4x_{12} + 7x_{13} + 5x_{21} + 3x_{22} + 2x_{23} + 7x_{31} + 5x_{32} + 8x_{33}$，單位是百萬元，這也是 0-1 規劃問題的目標，目標值越大越好。

根據每個外包工作人員只需要完成一項任務。對甲來說，由於只能分配一項任務，可知 x_{11}、x_{12}、x_{13} 之中只能有一個是 1，即 $x_{11} + x_{12} + x_{13} = 1$；同樣，對乙來說，可知 $x_{21} + x_{22} + x_{23} = 1$；對丙來說，可知 $x_{31} + x_{32} + x_{33} = 1$。

根據每一項任務只能分配給一個外包工作人員完成。對任務 A 來說，可知 x_{11}、x_{21}、x_{31} 之中只能有一個是 1，即 $x_{11} + x_{21} + x_{31} = 1$；同樣，對任務 B 來說，可知 $x_{12} + x_{22} + x_{32} = 1$；對任務 C 來說，可知 $x_{13} + x_{23} + x_{33} = 1$。

總結起來，0-1 規劃問題的模型如下：

目標：$2x_{11} + 4x_{12} + 7x_{13} + 5x_{21} + 3x_{22} + 2x_{23} + 7x_{31} + 5x_{32} + 8x_{33}$，求最大值。

條件：$x_{11} + x_{12} + x_{13} = 1$；

$x_{21} + x_{22} + x_{23} = 1$；

$x_{31} + x_{32} + x_{33} = 1$；

$x_{11} + x_{21} + x_{31} = 1$；

$x_{12} + x_{22} + x_{32} = 1$；

$x_{13} + x_{23} + x_{33} = 1$；

x_{11}、x_{12}、x_{13}、x_{21}、x_{22}、x_{23}、x_{31}、x_{32}、x_{33} 是 0 或 1。

7.2.3 求解指派问题

什么是指派问题？

上面这些问题可以归类为一个专门的类别，就是指派问题。日常生活中，指派问题也可能出现在生产过程和物流运输领域中。

例如，有几项任务需要几台机器加工完成，机器都能完成任务，但各自的加工效率不同。应该将哪一件任务交给哪一台机器完成，才能让加工的总效率达到最大？还有，有几条运输路线需要几辆卡车完成，应该怎样安排卡车使运输量达到最大？

应该怎样解决指派问题？

从模型可以看出来，共有 9 个未知数，并且还有 6 个条件，由于 6 个条件是等式。如果用枚举法解决问题，需要枚举的情况过多。此时可以用更简单的方法求解，这种方法就是匈牙利法。

匈牙利法是求解指派问题时新颖而又简便的方法；它由美国数学家库恩提出，因为引用了匈牙利数学家康尼格关于矩阵中 0 元素的定理，因此叫作匈牙利法。

第一步 根据表 7-1，列出报价表格。由于目标要求是最大值，可将每一行的价格减去该行的最低价格，每一行会都得到一个 0，过程如下图 7-7 所示。

$$
\begin{array}{cc|c}
2 & 4 & 7 \ (-2) \\
5 & 3 & 2 \ (-2) \\
7 & 5 & 8 \ (-5)
\end{array}
\longrightarrow
\begin{array}{c|c|c}
0 & 2 & 5 \\
3 & 1 & 0 \\
2 & 0 & 3
\end{array}
$$

图 7-7 每一行减去该行的最小值

第二步　如果每一列都有 0，第二步可以忽略；否则需要将不含 0 的一列减去该列的最小值，这一列也能得到一个 0。由图 7-7 知，第二步可以忽略，如图 7-8 所示。

$$\begin{array}{|c|c|c|}\hline 0 & 2 & 5 \\\hline 3 & 1 & 0 \\\hline 2 & 0 & 3 \\\hline\end{array} \longrightarrow \begin{array}{|c|c|c|}\hline 0 & 2 & 5 \\\hline 3 & 1 & 0 \\\hline 2 & 0 & 3 \\\hline\end{array}$$

图 7-8　每一列都有 0，第二步忽略

第三步　经过上面两步后，即可得到表格中每一行、每一列都有至少一个 0。此时再找到 3 个不同行、不同列的 0，确保每一行、每一列都只有一个 0，再将这些 0 都变为 1，同时将其他数变为 0，如图 7-9 所示。此时表格中得到的即可表示指派问题的最优解，表格中的 1 表示相应的未知数是 1，表格中的 0 表示相应的未知数是 0。

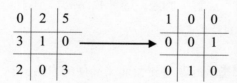

图 7-9　变换得到最优解

根据图 7-9，再结合表 7-2，即可得到指派问题的最优解如下：

$x_{11} = 1$，$x_{23} = 1$，$x_{32} = 1$，其余未知数都是 0。

也就是说，这家公司应将任务 A 外包给甲，任务 B 外包给丙，任务 C 外包给乙，此时的总花费达到最低，是 9 万元，即 $2 + 5 + 2 = 9$。

7.3 人事部门应该怎样给员工涨工资

如何给员工涨工资，这是许多人事部门需要考虑的一个问题。这并不是一件轻松即可完成的事情，因为需要顾及各个方面的因素，例如，公司用于加薪的预算有限，有些员工需要通过加薪调动工作积极性，但又不能打破公司的工资等级制度，还有一些比较特殊的情况需要考虑。关于给员工加薪的问题，同样可以用运筹学的方法解决。

7.3.1 怎样给员工涨工资最合适

某公司人事部门考虑给公司职工进行升级调薪。目前公司岗位分为基础岗位和管理岗位，管理岗位的工资是 10 万元 / 年，基础岗位的工资是 6 万元 / 年。管理岗位的员工目前有 10 人，基础岗位的员工目前有 25 人。为保证效率，公司规定管理岗位最多不能超过 15 人，基础岗位最多不能超过 30 人。现在，公司准备的方案必须尽可能满足下面两个目标：

（1）新增工资预算是一定的，因此这次薪资调整中新增的年工资总额只能是 60 万左右；

（2）基础岗位的员工可以升级到管理岗位，基础岗位员工的不足可以通过招聘新员工弥补。为调动员工工作的积极性，最好是基础岗位现有人数的 20% 在这次调薪中可以升级为管理岗位。

按照以上要求，公司的人事部门应该如何制定本次调整方案？

7.3.2　这是一个多目标规划问题

什么是多目标规划问题？

顾名思义，就是在规划过程中考虑多个目标。例如，在找工作时，需要考虑的不仅仅是薪资和福利，还应考虑发展前景和离家距离等。另外，在实际生产过程中，一件产品的规格也是有多方面要求的，不仅要考虑长度、宽度和高度等，还要考虑硬度、颜色和某些物质的含量等，只有这些方面都达到合理的目标范围，产品才算合格。

对于多目标问题，应该如何处理？

首先，需要清楚的是，即使在多目标规划中，各个方面都必须考虑，但是也很难面面俱到，让各个方面都力求完美，此时应该清晰地考虑各个目标的重要性如何。例如，有的目标是主要的，有的目标是次要的；有的目标是长期的，有的目标是短期的；有的目标是必须达到的，有的目标则只是附加的，不是必须完成的。对于不同的目标，其重要性也不同。

其次，在处理多目标问题时，可以按照合理的方法转化为一个单目标规划问题，这样即可方便求出最优解。可以按照以下三种方法处理：

方法一　表示范围的目标直接转化为问题的条件

在多目标规划问题中，有些目标只是明确要求必须满足某个范围，其实，这些目标与问题的条件无异，可以直接当作条件处理。满足这些条件，自然也会达到目标。例如，在找工作时，如果有一项目标就是要离家近，不能接受在省外的职位。因此，只需将职位在本省作为一个条件，不符合这一条件的职位都不予考虑。

方法二 有理想值的目标用平方表示，再求它的最小值

有些目标就是要尽可能地达到某一个理想值，这样的多目标规划问题在产品生产过程中尤为多见。例如，生产一部手机时，外形需要严格地按照某个规定尺寸，不能有较大的误差，拿手机的屏幕来说，如果是 5.5 英寸的屏幕。在生产过程中的目标就是让屏幕尽可能地达到这一理想值。

以上这些情形，就可以用平方来表示这样的目标，要求的是这个目标的最小值。例如，生产某一种包装盒，长度要求是 50 厘米，宽度要求是 30 厘米，高度要求是 20 厘米。假设实际生产过程中，长度是 x 厘米，宽度是 y 厘米，高度是 z 厘米。那么，问题的目标即可表示为：

$$(x - 50)^2 + (y - 30)^2 + (z - 20)^2。$$

方法三 给不同的目标设置不同的权重

前两种方法只能简化部分目标，如果问题中仍有多个目标，此时需要考虑给各个目标加上权重，从而得到一个单目标的问题。对于多目标规划，给不同的目标加上不同的权重，意味着这个目标在全局中所占的比重，或是人们心中的偏爱程度。给每个目标加上给定的权重后，简单相加即可得到全局总目标。此时多目标规划问题即可变为一般的规划问题，只要寻找出总目标的最优解决方案即可。

需要注意的是，各个目标的权重之和必须等于 1。

7.3.3　将多目标化简为单目标

首先，分析问题，列出未知数。

因为问题中有两个目标，所以是一个多目标的规划问题。不妨假设计划从基础岗位调 x 名员工到管理岗位，再招聘 y 名员工到基础岗位。

其次，列出问题的条件和各项目标。

根据所设未知数，可以得到问题的条件是：

$10 + x \leqslant 15$，$25+y - x \leqslant 30$。

目标分别是：

（1）每年新增的工资应该在 60 万元左右，即 $10x + 6y = 60$；

（2）基础岗位的升职人员应该在 20% 左右，即 $x= 0.2 \times 25$。

最后，确定简化多目标的方法。

可以看出，这两个目标都是要尽可能地靠近某个确定的数值。因此，这个问题适合用平方加权的方法进行简化。但应怎样设置两个目标的权重呢？

显然，在预算一定的情况下，同时要让基础岗位员工升职的比例达到 20%，预算是首先要考虑的。因此，目标（1）的权重应该大于目标（2），但两个目标都应考虑。这里不妨将目标（1）的权重设置为 0.6，将目标（2）的权重设置为 0.4。此时总目标即可用 $0.6(10x + 6y - 60)^2 + 0.4(x - 5)^2$ 进行衡量，能让这个式子值最小的方案就是最佳方案，此时的条件是：

$10 + x \leqslant 15$，$25+y - x \leqslant 30$。

显然，这是一个一般规划问题，模型如下：

目标：$0.6(10x + 6y - 60)^2 + 0.4(x - 5)^2$，求最小值。

条件：$10 + x \leqslant 15$；

$25+y - x \leqslant 30$；

x，$y \geqslant 0$，且 x，y 都是整数。

可以发现，在模型中，目标中含有平方，这就不是熟悉的线性规划问题了，这称为非线性规划问题。对于非线性规划问题，求解的过程非常复杂，可以利用 MATLAB 软件求解。

7.4　管理者应该怎样防止员工"搭便车"

在一个公司里面，或者一个项目团队中，经常会有一些员工抱着"搭便车"的侥幸心理，不愿意对自己的本职工作尽职尽责，而是将事情推给他人，到最后却要和其他员工一样，分享工作完成后的收获。这对那些认真工作的员工是不公平的，会降低他们工作的积极性。对管理者来说，这是一件需要严肃对待的事。个别搭便车的现象是一种人力资源的浪费。但有些员工能够长时间搭便车就意味着公司的员工管理制度不合理，甚至出现了大问题。

7.4.1 从"智猪博弈"说起

说到搭便车的现象，不得不提到"智猪博弈"，因为它是搭便车现象背后的本质。"智猪博弈"是大猪小猪之间争夺食物的博弈，最早由纳什本人提出，"智猪博弈"具体如下：

猪圈里有一头大猪，一头小猪。猪圈的一端有个开关，另一端是食槽，食槽和开关之间隔着较长一段距离。每按一下开关，在远离开关的猪圈的另一端，食槽就会落下一些食物。两只猪最初在食槽这端，如果有一只猪去按开关，另一只猪就会抢先吃到另一端流进的食物。当小猪按动开关时，大猪会在小猪跑到食槽之前吃掉大部分食物；若大猪按动开关，还有机会在小猪吃完流进的食物之前跑回食槽，争着吃小猪还未吃完的大部分食物。

那么，大猪和小猪将会做出怎样的决策，让自己能够吃到的食物更多，从而不会饿死呢？

7.4.2 用"智猪博弈"解释搭便车现象

这是一个静态博弈过程，大猪小猪必须同时做出决策，并且没有决策的先后之分。因此，可以用数字描述大猪和小猪在此次博弈中的收益，可将争夺食物的过程简化为下面的博弈模型。

博弈参与方：大猪、小猪；

博弈策略：大猪（按开关、等待）、小猪（按开关、等待）；

博弈的收益：

在博弈过程中，只要按了开关，就会有 10 个单位的食物流进食槽；但对大猪和小猪来说，从食槽这端跑去按开关再跑回食槽这端，需要消耗相当于 2 个单位食物的能量。

（1）如果大猪和小猪同时去按开关，接着再跑回食槽这端吃食，大猪吃得快，将吃到 7 个单位的食物，小猪只能吃到 3 个单位的食物。此时，减去各自耗费的 2 个单位，大猪的净收益是 5 个单位，小猪的净收益是 1 个单位。

（2）如果大猪去按开关，小猪等着先吃，大猪再赶回来吃。这样，大猪只能吃到 6 个单位的食物，小猪可以吃到 4 个单位的食物。此时，大猪去掉按开关过程中耗费的 2 个单位，它的净收益是 4 个单位，小猪没有消耗，得到的净收益是 4 个单位。

（3）如果小猪去按开关，大猪等着先吃，小猪再赶回来吃。这样，小猪只能吃到 1 个单位的食物，大猪可以吃到 9 个单位的食物。此时，小猪去掉按开关过程中耗费的 2 个单位，它的净收益是 –1 个单位，大猪没有消耗，得到的净收益是 9 个单位。

（4）如果大猪和小猪都不去按开关。那么，最终结果是谁也吃不到，此时双方的净收益都是 0。

根据上述条件，可以得出"智猪博弈"过程中各自的收益表，如表 7-3 所示。

表 7-3　大猪和小猪之间的博弈

小猪＼大猪	按开关	等待
按开关	1，5	–1，9
等待	4，4	0，0

从表 7-3 中可以看出，从小猪的角度来看，如果大猪选择按开关，对小猪来说最好的决策是选择等待，此时小猪能够得到 4 个单位的收益；如果大猪选择等待，对小猪来说最好的决策仍是选择等待，因为小猪去按开关的话不仅没有收益，还要受到 1 个单位的损失。

从大猪的角度来看，如果小猪选择按开关，对大猪来说最好的决策是选择等待，此时大猪能够得到 9 个单位的收益；如果小猪选择等待，那么，大猪的最佳策略是去按开关，此时还能有 4 个单位的收益，而不按开关，则没有收益。

根据上面的分析，在表 7-3 中标注策略，找到左边和右边数字均被标注的情形，也就是（4，4），得到博弈过程中的纳什均衡：大猪会主动去按开关，小猪则会在食槽旁等待流进来的食物，双方的收益都是 4。

再回到员工管理的问题上，即可知道在员工中，既有能力较强、工作认真的"大猪"，也有经常偷懒、依赖别人的"小猪"。从上面的分析可知，"小猪"知道"大猪"会将事情做好，会等待"大猪"弄来食物。也就是说，某些员工知道别人会帮助自己完成某些工作，因而在一旁偷懒。对于这些提供帮助的员工，也许是为了整个项目的进度，也许是出于责任心，但却给了别人偷懒的机会。

7.4.3　如何让员工不能搭便车

在"智猪博弈"中，小猪躺着等待食物，无所作为。虽然这是小猪的最佳策略，但对大猪来说这是不公平的。从整体角度来看，小猪躺着偷懒，相当于人力资源中的浪费，而这恰恰是由博弈规则造成的。要想让小猪跑起来，需要改变博弈规则，打破原来小猪躺大猪跑的纳什均衡。可以考虑以下三种方法：

第一种方法 减少流进食槽的食物量。当食物量减少到一定程度时，假如减少到 2 个单位，小猪仍然不会选择去按开关，此时如果大猪去按开关，由于食物量较少，小猪就会在大猪赶回食槽之前把食物吃光，此时大猪必然也不会选择去按开关，这时博弈中形成的纳什均衡是大猪小猪都选择等待，谁去按开关就意味着会为对方而损害自己的利益，此时形成的结果对双方都是公平的。

第二种方法 大量增加流进食槽的食物量。当食物量增大到一定程度时，假如增加到 25 个单位，此时即使小猪按开关，等小猪赶回食槽时，仍然会剩下大量的食物，根本不用担心自己会有损失，对大猪而言也是如此，不用担心自己会吃亏。因此，小猪也会选择去按开关，此时打破了原来的纳什均衡。

第三种方法 将开关放到食槽旁，规定谁按开关谁先吃食物。此时小猪和大猪就会拼尽全力争着去按开关，小猪如果躺着，有可能一点儿食物都吃不到。这就相当于多劳多得，谁按开关次数多，谁吃得多，而躺着的猪是吃不到食物的。

对公司的管理者而言，公司的员工有的是"大猪"，有的是"小猪"，对员工的奖励就是"食物"。从公司的整体利益出发，需要警惕"小猪躺着"的现象，需要尽可能地调动所有员工的积极性，发挥员工的才能，同时保证员工之间的公平竞争，如果出现"小猪"搭"大猪"便车这种现象，只能说明公司的激励制度出现了问题。

从以上三种方法可以看出，如果从公司的整体利益考虑：

第一种方法相当于尽量减少激励，甚至不采取激励措施，这时员工的积极性会下降，甚至谁都不愿意选择行动，这对公司来说是极不利的；

第二种方法相当于加大激励力度，甚至让每个员工都得到激励，这种无差别的激励虽然"喂饱"了每一位员工，但他们工作的积极性也不会提高；

第三种方法，只给出适量的激励，不可能人人有份，需要每个员工通过自身努力去争取，此时对员工的激励作用最大，"躺着的小猪"将得不到任何奖励，因此会杜绝了某些员工偷懒，搭别人的便车。

第八章

运筹学在项目计划中的应用

凡事预则立，不预则废。在实际应用中，我们所见的项目，大到动辄数百亿资金的建筑工程，小到装修一个房间，都需要提前做出合理的规划，确保项目中各个工作能够有序进行，充分利用时间，让项目在期限之前顺利完成。在日常生活中，制订计划同样对每个人都是不可避免的事情。在运筹学中，有专门的方法帮助我们合理地制订计划，从而最大化地利用时间，高效地完成项目中的各项工作，节省时间成本。

8.1 研发一款新手机需要哪些流程

当今社会，各种智能手机层出不穷，新品手机发布会一个接一个。那么，新品手机是如何设计制作出来的呢？这就牵扯到手机设计制作的工艺流程了。对流程的规划，也可以用运筹学的知识分析。

8.1.1 怎样绘制研发新手机的计划图

某著名手机品牌准备在半年内研发一款新的手机，共需要完成7项工作。其中，这7项工作的名称、代号、持续时间与紧后工作如表8-1所示。根据表8-1中的信息，绘制开发新手机的网络图。另外，这个项目能在预期时间内完成吗？哪些是关键工作？

表 8-1　研发新手机的各项工作情况表

工作名称	工作代号	持续时间（天）	紧后工作
产品设计	A	60	B、C、D
配套件购买	B	45	G
工装制造	C	20	E、F
铸件	D	40	F
机械加工1	E	30	G
机械加工2	F	15	G
装配与调试	G	20	—

需要注意的是，在一项计划中，对于邻近两项先后进行的工作，可以用

紧前工作和紧后工作这两个词来描述这种关系。紧后工作是指紧排在某项工作之后的工作，该项工作结束后，它的紧后工作能够马上开始，例如，手机产品设计（代号 A）的紧后工作就有铸件（代号 D）这项工作。

同样，对紧前工作也是如此，是指紧紧排在本工作之前的工作，例如，机械加工 1、2 的工作（代号 E、F）就是装配与调试（代号 G）的紧前工作。

8.1.2　用网络图描述计划

在运筹学中，可以用专门的图形描述一个项目的计划，称为网络图。网络图有一定的规则：

第一，用带箭头的连线表示某项工作。

首先，在连线上方标明工作的代号，例如上表中的字母。

其次，连线的两端都带有一个小圆圈，表示这项工作的开始和结束，在完整的网络图中，这些小圆圈中还会标明序号。

最后，可在连线的下方标明这项工作的持续时间。

例如，产品设计（代号 A）即可表示为下图 8-1。这些圆圈称作节点，在完整的网络图中，每个节点都有一个数字序号。

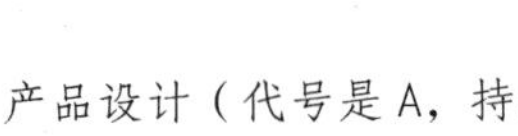

图 8-1　产品设计（代号是 A，持续 60 天）

第二，用连线的连接顺序表示工作的先后顺序。

当我们仅用连线表示某一项工作时，这是远远不够的，还需要考虑不同工作之间的先后逻辑关系。因此，在网络图中，用连线的连接顺序表示各项工作的先后顺序。

如果某项工作在前面，其连线就在前面，反之，就在后面。依次连接的两条线，后一条连线表示的工作是前一条连线所示工作的紧后工作。如图 8-2 所示。表示的是产品设计（代号 A）和铸件（代号 D）之间的先后顺序，其中铸件是产品设计的紧后工作。

图 8-2　产品设计（代号 A）和铸件（代号 D）的关系

第三，用交叉表示多个工作之间的复杂关系。

如果某项工作结束后，它的紧随工作有多个，如果多个工作的紧随工作是同一个或多个，此时需要用连线之间的交叉表示工作之间的关系。

例如，产品设计（代号 A）之后，才能进行配套件购买（代号 B）和铸件（代号 D），此时可以表示成如图 8-3 所示的样子。又如，配套件购买（代号 B）和机械加工 1（代号 E）完成之后，紧接着就是最后的装配与调试（代号 G），此时它们的关系如图 8-4 所示。

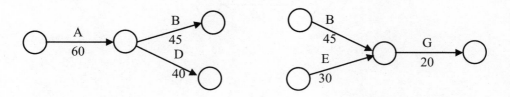

图 8-3　产品设计、配套件购买和铸件　图 8-4　配套件购买、机械加工 1 和装配与调试

第四，有时会用到虚线，不表示某项工作，只是表示先后顺序。

有时项目比较复杂，特别是 a、b 两项工作的紧后工作都是 c、d 两项工作，它们之间的关系可以表示为下面的十字交叉图形，如图 8-5 所示。

还有另外一些情况，如果 d 既是 a 的紧后工作，也是 b 的紧后工作，但 c 只是 a 的紧后工作，也就是 a、b 完成之后 d 开始，a 完成之后 c 开始，此时需要用到虚线，它并不表示某项具体的工作，只是表示 a 和 d 的先后顺序，如图 8-6 所示。

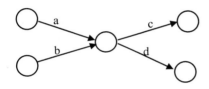 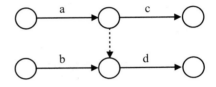

图 8-5　a、b 完成后，c、d 开始　　　图 8-6　a、b 完成，d 开始；a 完成，c 开始

第五，网络图中节点需要编号。

在网络图完成之后，还需要给每个节点从左至右进行编号。同时需要注意的是，一个项目的网络图只能有一个终点和一个起点，不能有多个起点和终点。因为网络图的起点表示整个项目的开始，终点则意味着整个项目的结束，有多个起点或终点意味着网络图还未画完整。

8.1.3　绘制这个项目的网络图

在熟悉基本规则后，可以根据表 8-1 绘制出研发手机的网络图，如图 8-7 所示。需要注意的是，在作网络图时需注意箭头方向、连线连接方式、连线上的工作代号和持续时间、连线是虚线还是实线等。无须在意连线是否曲直、长度是多少、是直线还是折线或曲线。因为这些并不代表具体的含义。

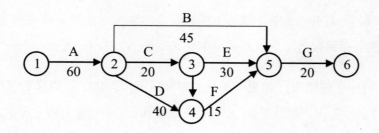

图 8-7　研发手机的网络图

　　根据前面的基本规则，可以绘制出大多数项目的网络图。但还需要注意以下几点：

注意一　网络图中不能出现回路。

　　一个项目的网络图，必须有一个起点和一个终点，工作都是从起点开始，按照一定的顺序进行，直到终点。如果出现回路，会在回路中执行完一个工作，又需要执行另一个工作，会不断循环下去。如图8-8所示。当按顺序执行完a、b、c、d之后，d的紧后工作又是a，需要进行新的循环。如果出现回路，意味着绘制的网络图中出现了严重的错误。

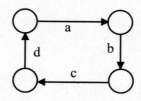

图 8-8　常见错误：出现回路

注意二　网络图不能出现缺口。

　　一个项目计划必须流畅无阻，如果网络图中出现缺口，就意味着从起点开始，按网络图执行工作，到达不了终点，意味着项目缺少一些必要的工作。如果网络图出现了缺口，意味着网络图还没画完整。

注意三　相邻两个节点之间只能有一项工作。

我们知道，每项工作的前后都连接有一个节点，但每两个节点之间只能有一项工作。否则无法确认在两个节点之间，应该先执行哪一项工作。

8.1.4　找出项目中的关键工作

现在，需要判断项目能否在半年时间内完成，还要计算出项目至少需要多久完成。同时找出项目中的关键工作。可根据图 8-8 进行判断。按下面的步骤，即可计算出完成项目的最少时间，同时找出项目的关键工作。

首先，计算各项工作的最早开始时间、最早结束时间。

什么是工作的最早开始时间和最早结束时间呢？

对每一个项目来说，都要有严格的时间限制，整个项目应该在多长时间内完成。但项目中的部分工作却显得比较灵活，具有一定的机动时间，既可以早些开始、早些完成，也可以晚些开始晚些完成，只要没有影响整个项目的时间进度。因此，每一项工作的最早开始时间就是工作所能执行的最早时间，最早结束时间就是工作所能结束的最早时间。

那么，如何计算网络图中各项工作的最早开始时间和最早结束时间呢？

主要方法是从前往后计算。在网络图中，假设整个项目的开始时间是 0，也就是第一项工作的开始时间是 0。接着，根据网络图中的箭头顺序和各项工作的持续时间，从整个项目的起点开始计算，即可依次得到每一个项目的最早开始时间。也可以得到每一个项目的最早结束时间，因为最早结束时间等于最早开始时间加上这项工作的持续时间。

另外，每一项工作的最早结束时间都会成为它的紧后工作的最早开始时间，因为是按先后顺序执行的。因此，在网络图 8-7 中，对于第一项工作，也就是产品设计（代号 A），最早开始时间是 0，加上持续时间 60 天，得到 A 的最早结束时间是 60 天。同时，可以得到配套件购买（代号 B）、工装制造（代号 C）和铸件（代号 D）的最早开始时间都是 60，因为它们都是工作 A 的紧后工作。

需要注意的是，当遇到多项工作的紧后工作相同，可以选择时间最晚的最早结束时间作为紧后工作的最早开始时间。例如，工装制造（代号 C）和铸件（代号 D）的紧后工作都有机械加工 2（代号 F），由于 C 和 D 的最早开始时间都是 60，可以得出 C 的最早结束时间是 80，D 的最早结束时间是 100。因此，F 的最早开始时间是应该两者之中较晚的那个，也就是 100，因为 F 必须等 C 和 D 都结束之后才能开始。

计算图 8-7 中各项工作的最早开始时间和最早结束时间，可以得到表 8-2。

表 8-2　研发新手机中各项工作的最早开始（结束）时间

工作名称	工作代号	持续时间（天）	紧后工作	最早开始时间（天）	最早结束时间
产品设计	A	60	B、C、D	0	0+60= 60
配套件购买	B	45	G	60	60 + 45 = 105
工装制造	C	20	E、F	60	60 + 20 = 80
铸件	D	40	F	60	60 + 40 = 100
机械加工 1	E	30	G	80	80 + 30 =110
机械加工 2	F	15	G	100	100 + 15 = 115
装配与调试	G	20	—	115	115 + 20 = 135

根据表 8-2 可以确定，研发手机项目至少需要 135 天才能完成。因为，最后一项工作装配与调试的最早结束时间是 135 天。因此，在半年内完成整个手机研发项目是可以做到的。

其次，计算各项工作的最晚开始时间、最晚结束时间。

什么是工作的最晚开始时间和最晚结束时间呢？

由于项目中的某些工作具有一定的机动时间，既可以早些开始早些完成，也可以晚些开始晚些完成。因此，每一项工作的最晚开始时间就是工作开始执行的最晚时间，最晚结束时间就是工作结束的最晚时间。

那么，如何计算网络图中各项工作的最晚开始时间和最晚结束时间呢？

主要方法是从后往前计算。经过前面的计算可以发现，要完成整个项目至少需要 135 天时间，也就是项目的起始时间加上整个项目的持续时间。在网络图 8-7 中，如果项目是从 0 开始的，项目的结束时间就是 135 天，也就是网络图中终点表示的时间是 135 天。

现在需要从后往前分析，能依次得到每一个项目的最晚结束时间。当然也可以得到每一个项目的最晚开始时间，因为最晚开始时间等于最晚结束时间加上工作的持续时间。例如，最后一项工作是装配与调试（代号 G），它的最晚结束时间必然是 135 天，此时用最晚结束时间减去这项工作的持续时间 20 天，可以得出 G 的最晚开始时间，是 115 天。

另外，每一项工作的最晚开始工作时间同样是它的紧前工作的最晚结束时间，因此，可以从后往前计算，依次得到每一项工作的最晚结束时间和最晚开始时间。例如，对于配套件购买（代号 B）这项工作，它是装配与调试（代号 G）的紧前工作，由于 G 的最晚开始时间是 115 天。因此，B 的最晚结束时间也就是 115 天，这项工作需要持续的时间是 45 天，即可得到这项工作的最晚开始时间是 70 天。

需要注意的是，当遇到多项工作的紧前工作相同，选择时间最早的那个最晚开始时间作为紧前工作的最晚结束时间。例如，机械加工 1（代号 E）和机械加工 2（代号 F）这两项工作具有相同的紧前工作是工装制造（代号 C），由于 E 和 F 都是 G 的紧前工作，所以 E 和 F 的最晚结束时间都是 115 天。可以得到 E 的最晚开始时间是 85 天，F 的最晚开始时间是 100 天。因此，C 的最晚结束时间是 85 天。因为只有当 C 结束时，E 和 F 才能开始。

计算图 8-7 中各项工作的最晚开始时间和最晚结束时间，可以得到下表 8-3。

表 8-3　研发新手机中各项工作的最晚开始（结束）时间

工作名称	工作代号	持续时间（天）	紧前工作	最晚结束时间（天）	最晚开始时间（天）
装配与调试	G	20	B、E、F	135	135 − 20 = 115
机械加工 2	F	15	C、D	115	115 − 15 = 100
机械加工 1	E	30	C	115	115 − 30 = 85
铸件	D	40	A	100	100 − 40 = 60
工装制造	C	20	A	85	85 − 20 = 65
配套件购买	B	45	A	115	115 − 45 = 70
产品设计	A	60	−	60	60 − 60 = 0

将表 8-2 和表 8-3 综合起来，可以得到表 8-4。

表 8-4　研发新手机中各项工作的时间表

工作名称	代号	最早开始时间（天）	最早结束时间（天）	最晚开始时间（天）	最晚结束时间（天）
产品设计	A	0	60	0	60
配套件购买	B	60	105	70	115
工装制造	C	60	80	65	85
铸件	D	60	100	60	100
机械加工 1	E	80	110	85	115
机械加工 2	F	100	115	100	115
装配与调试	G	115	135	115	135

最后，找到项目中的关键工作。

怎么计算工作的机动时间？

得到各项工作的最早开始（结束）时间和最晚开始（结束）时间后，根据这些条件，可以清楚地知道每一项工作是否机动，并且可以计算出机动时间。

在不耽误整个项目的前提下，有的工作并不需要一定在某个时刻开始执行或结束，可以自由变动的时间范围就是工作的机动时间，机动时间等于一项工作的最迟开始时间减去最早开始时间，或最迟结束时间减去最早结束时间。从表8-4中可知，工装制造（代号C）和机械加工1（代号E）的机动时间都是5天，配套件购买（代号B）的机动时间是10天。

一些工作的总时差就是这些工作共有的机动时间。例如，工装制造（代号C）和机械加工1（代号E）两项工作的总时差是5天，如果C占用了3天的机动时间，那么E就只剩下2天的机动时间了。

什么是一个项目的关键工作？

在一个项目中，在不影响项目总的持续时间的前提下，并非所有的工作都有机动时间，总会有些工作必须严格按时完成，按时结束。这些工作就是关键工作。通常，在一个项目中，如果关键工作出现了暂停或延后，这个项目就不可能在最短时间内完成，整个项目也许都要延后，对一些具有机动时间的项目来说，即使出现暂停或延后，只要是在机动时间内，就不会对整个项目的进展产生影响。

根据表8-4可以清楚地看到，产品设计（代号A）、铸件（代号D）、机械加工2（代号F）和装配与调试（代号G）的机动时间都是0，因此，这些工作是研发手机项目中的关键工作。也就是说，只有这些工作严格按时完成，才能保证整个研发新手机项目在最少时间内完成。而对其他工作来说，还存在一定的机动时间。

因此，在一个项目中，关键工作需要重点关注，优先将时间和资源分配给关键工作。这些关键工作组成的工作线路称为关键路线，例如，图 8-7 中，

A—D—F—G 就是一条关键路线。通过网络图求出一个项目的关键路线，在项目管理中非常重要。

其实，关键路线本质上就是网络图中起点到终点之间的最长路径，比较简单的网络图可以通过直接观察寻找最长路径，即项目中的关键路线。

8.2 建筑工程如何安排施工计划

建筑工程中包含各种各样的工序。因此，在建筑工程中，可以用网络图描述具体施工计划，标明各工序之间的先后顺序。对非常复杂的网络图来说，需要寻找到其中的关键路线，以便准确把握施工进度，确保建筑项目顺利完成。

8.2.1 一个建筑施工项目有哪些工序

表 8-5 是某建筑施工项目的工序表，表中包含工序名称和代号，工序持续时间和其紧前工作，请根据这些条件绘制建筑施工项目的网络图，并找到其关键路线，并确认完成整个项目所需的时间。

表 8-5　建筑工程各项工序的紧前工作

工序名称	工序代号	持续时间（天）	紧前工作
设计	A	8	—
挖地基	B	20	A
打地基	C	10	B
主体工程	D	60	C
上顶	E	13	D
电路安装	F	15	D
管道安装	G	20	D
室内装潢	H	30	E、F、G

8.2.2　绘制建筑施工项目的网络图

首先，列出建筑施工项目所有工序的紧后工作。

在绘制此项目的网络图时，一般都是根据各项工序的紧后工作，从起点开始绘制，直到整个项目的终点。表 8-5 中只给出了各项工序的紧前工作。因此，根据表 8-5 中可知各项工序的紧后工作，得到工序 A 的紧后工作是 B，工序 B 的紧后工作是 C，工序 C 的紧后工作是 D，工序 D 的紧后工作是 E、F 和 G，工序 E、F 和 G 的紧后工作是 H，工序 H 没有紧后工作。总结后得到表 8-6。

表 8-6　建筑工程各项工序的紧后工作

工序名称	工序代号	持续时间（天）	紧后工作
设计	A	8	B
挖地基	B	20	C
打地基	C	10	D
主体工程	D	60	E、F、G
上顶	E	13	H
电路安装	F	15	H
管道安装	G	20	H
室内装潢	H	30	—

其次，根据紧后工作绘制建筑项目的网络图。

根据表 8-6 中的条件得出建筑工程的网络图，如图 8-9 所示。需要注意的是，该网络图中需要用虚线表示工序间的先后顺序。例如，序号 6 和序号 7 之间的虚线表示工序上顶（代号 E）的紧后工作是室内装潢（代号 H）。同样，序号 7 和序号 8 之间的虚线表示管道安装（代号 G）的紧后工作是室内装潢（代号 H）。

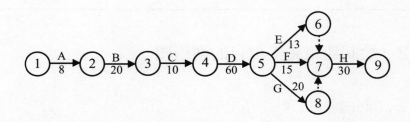

图 8-9 建筑施工项目的网络图

最后，找到网络图中的关键路线。

根据图 8-9 即可找到一条关键路线，也就是整个建筑施工项目的起点（序号 1）到终点（序号 9）之间的最长路径，其中虚线仅起连接作用，因此，从序号 1 到序号 9 之间的最长路径是 A—B—C—D—G—H，也就是网络图中的关键路线，长度是 8+20+10+60+20+30=148，可知整个建筑施工项目需要持续 148 天。

8.3 房间装修过程中的流水作业

在实际应用中，绝大多数项目需要分工合作才能完成。但如何分工却是一件让人头疼的事，因为可以使用的工具或其他资源非常有限，安排不好会白白浪费人力资源，让整体的工作效率大打折扣。这时可以使用流水作业。安排工人装修房间就是一个典型的流水作业问题。

8.3.1　装修房间时该怎么分工

对一个建筑工程来说，工程中的某些工作也可以单独作为一个项目。例如，建筑工程中的装潢工作，即可单独作为一个项目进行规划。例如，在一个建筑项目中，有一个毛坯房需要装修，业主想给四面墙壁刷油漆。

刷油漆可以分为三道工序：墙壁抹灰、打磨墙面、墙壁刷漆。首先，需要给毛坯墙壁抹上一层水泥灰，让墙壁变平整；其次，需要在抹完灰的墙壁上用砂纸打磨墙面，让墙壁变得更加光滑；最后，即可给墙壁刷漆了。经过以上三步，才算完成整面墙壁的刷漆过程。

现在可以有 6 个工人给墙壁刷漆，但给这 6 个工人提供的粉刷工具非常有限，只有 2 把刮刀，2 块砂纸，2 把刷子。每个工人同时只能使用一件工具进行相关工作。

需粉刷墙壁的房间如图 8-10 所示。已知 1 个工人半小时可以用刮刀抹灰 1 米长的墙壁，1 小时可以打磨光滑 1 米长的墙壁，1 小时可以用刷子刷 1 米长墙壁上的油漆。需要注意的是，一面墙壁全部抹完灰之后，才能进行下一步工序，也就是打磨光滑墙壁；同样，一面墙壁全部打磨光滑之后，才能进行刷漆这道工序，6 个工人应如何分工合作，才能使四面墙壁的刷漆任务在最短时间内完成？

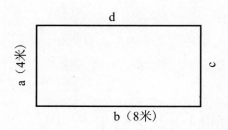

图 8-10 装修房间的结构图

8.3.2 分析实际问题

从图 8-10 中可知，需要刷漆的墙壁 a 和墙壁 c 的长度是 4 米，墙壁 b 和墙壁 d 的长度都是 8 米。显然，墙壁 a 和墙壁 c 的长度是墙壁 b 与墙壁 d 的一半。因此，墙壁 a 和墙壁 c 每项工序所需要的时间是墙壁 b 和墙壁 d 的一半。

由于工具非常有限，所以一面墙壁最多只能有两个工人抹灰、打磨和刷漆。因此，可以计算出每面墙壁完成各道工序所用的具体时间。

对于墙壁 a 和墙壁 c：长度是 4 米，由于 1 个工人半小时能够为 1 米长的墙壁抹灰。那么，两个工人一起为 4 米长的墙壁抹灰就需要 1 小时；由于 1 个工人 1 小时能够为 1 米长的墙壁打磨光滑。那么，两个工人一起打磨 4 米长的墙壁就需要 2 个小时；同样，两个工人一起为 4 米长的墙壁刷油漆也需要 2 个小时。

对于墙壁 b 和墙壁 d：由于长度是墙壁 a 和墙壁 c 的两倍。因此，抹灰需要 2 个小时，打磨光滑需要 4 个小时，刷漆需要 4 个小时。

现在可以得到，在最开始时，每一面墙壁都还没有抹灰，此时需要两名工人拿着刮刀给一面墙壁抹灰。完成后，才可以在这面墙壁上进行打磨。同时，这两把刮刀也可以给新的墙壁抹灰。如果要充分利用这些工具，节省时间，让四面墙壁快速刷完油漆，需要进行流水作业。

8.3.3 装修过程进行流水作业

流水作业，就是充分利用有限的工具和人力，让所有可利用的工具和人力都不闲着。同时，在分工时，尽可能地让工人的工作时间相等，确保分工尽可能地公平。为方便描述，可将6个工人进行编号，分别是甲、乙、丙、丁、戊、己。刷漆问题，可按下面的流水线步骤进行分工，时间从0开始：

第一步（时间为0）： 安排甲和乙两位工人对墙壁a进行抹灰。因为只有两把刮刀，并且没有一面墙壁已经完成抹灰工作。因此，其他四个工人都闲着。共要持续1个小时。

第二步（时间为1）： 由于墙壁a已经抹灰完毕，此时可以安排甲和乙休息。安排丙和丁拿砂纸对墙壁a打磨，需要用时2个小时；同时安排戊和己拿着刮刀对墙壁c进行抹灰，需要用时1个小时。注意，这两道工序可以同时进行。

第三步（时间为2）： 戊和己为墙壁c抹灰结束，可以安排其休息，同时让甲和乙拿着刮刀对墙壁b进行抹灰，需要用时2个小时。

第四步（时间为3）： 丙和丁对墙壁a进行打磨刚好结束，可以安排他们继续对墙壁c进行打磨，持续2个小时。此时让休息的戊和己拿刷子对墙壁a进行刷漆，持续2个小时。这时6个工人都工作。

第五步（时间为4）： 甲和乙为墙壁b抹灰结束，可以安排他们继续对墙壁d进行抹灰，需要用时2个小时。

第六步（时间为 5）：丙和丁对墙壁 c 的打磨刚好结束，戊和己对墙壁 a 的刷漆工作也刚好结束。继续让丙和丁对墙壁 b 进行打磨，需要用时 4 个小时，让戊和己对墙壁 c 进行刷漆，需要用时 2 个小时。

第七步（时间为 6）：甲和乙为墙壁 d 抹灰刚好结束，所有的墙壁都已经抹完灰了。甲和乙可以暂时休息。

第八步（时间为 7）：戊和己对墙壁 c 的刷漆工作刚好结束，此时墙壁 b 还未打磨完成。因此，戊和己可以暂时休息。

第九步（时间为 9）：丙和丁对墙壁 b 的打磨刚好结束，让甲和乙对墙壁 b 进行刷漆，需要用时 4 个小时，同时让戊和己对墙壁 d 进行打磨，需要用时 4 小时，丙和丁可以暂时休息。

第十步（时间为 13）：戊和己对墙壁 d 的打磨刚好结束，甲和乙对墙壁 b 的刷漆也刚好结束，即可让丙和丁对墙壁 d 进行刷漆，需要用时 4 个小时。

第十一步（时间为 17）：至此，四面墙壁均已经完成刷漆工作。

从以上分工可以看出，采用流水作业的方式一共只需 17 个小时即可完成四面墙壁的刷漆工作。各项工序的流程见表 8-7。

表 8-7　各项工序的流程

工序	代号	持续时间（小时）	紧后工作
墙壁 a 抹灰	A	1	B、D
墙壁 a 磨平	B	2	E、C
墙壁 a 刷漆	C	2	F
墙壁 c 抹灰	D	1	E、G
墙壁 c 磨平	E	2	F、H
墙壁 c 刷漆	F	2	I
墙壁 b 抹灰	G	2	H、J

续表

工序	代号	持续时间（小时）	紧后工作
墙壁 b 磨平	H	4	I、K
墙壁 b 刷漆	I	4	L
墙壁 d 抹灰	J	2	K
墙壁 d 磨平	K	4	L
墙壁 d 刷漆	L	4	—

表 8-7 可以表示为下面的网络图，有些节点需要用虚线连接，注意在节点中标明序号。例如，在图 8-11 中，序号 3 和序号 4 之间的虚线表示墙壁 c 抹灰（代号 D）和墙壁 c 磨平（代号 E）之间的先后顺序。序号 6 和序号 7 之间的虚线表示墙壁 c 磨平（代号 E）和墙壁 c 刷漆（代号 F）之间的先后顺序，这些虚线并不表示某项具体工作。

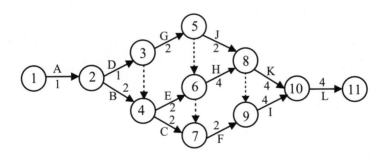

图 8-11　装修房间的网络图

从图 8-11 中也可以看出，A—B—E—H—K—L 是网络图中的关键路线，总长度是 17，说明刷漆需持续 17 小时。在这个项目的管理过程中，尤其需要注意墙壁 a 抹灰（代号 A）、墙壁 a 磨平（代号 B）、墙壁 c 磨平（代号 E）、墙壁 b 磨平（代号 H）、墙壁 d 磨平（代号 K）与墙壁 d 刷漆（代号 L）这些关键工作。

第九章

运筹学在人际关系中的应用

在人际关系中，有时也需要用到运筹学中的一些方法。在一些处理人际关系的经验中，也可以体现出运筹学的原理。无论是婆媳之争，还是情侣之争，都可以从运筹学的角度考虑。除了人际关系中的冲突，合作关系同样也能用相关的运筹学原理分析。

9.1 婆媳之间为什么容易起冲突

婆媳关系是家庭中非常重要的一种关系。其在家庭人际关系中有特殊性。它既不是婚姻关系，也无血缘关系。正因为如此，婆媳之间如何相处，一直是一个重要的家庭课题。我们也可以从运筹学的角度分析婆媳之间的冲突。

9.1.1 有哪几种婆媳关系

在家庭关系中，婆媳关系既无亲子关系所具有的稳定性，又无婚姻关系所具有的密切性，它只是由亲子关系和夫妻关系延伸形成的。因此，在媳妇刚娶进门时，婆媳之间并没有进行深入的沟通和了解，由于双方在生活习惯、性格脾气和家庭文化背景等方面都存在较大差异，所以婆媳之间的生活观念和处理事情的方式、方法也会截然不同，此时婆媳之间容易产生矛盾。

婆媳之间的关系，可以分为以下四种：

第一种：和谐相处。这是婆媳之间理想的一种关系，婆媳之间相处得比较宽容，互相尊重。无论是对婆婆来说，还是对媳妇来说，都不会在婆媳关系中受委屈。

第二种：婆婆主导。如果婆婆在婆媳之间比较强势，而媳妇比较弱势，容易出现这种关系。在这种关系下，媳妇容易受到委屈，婆婆会得到一些好处。

第三种：**媳妇主导**。如果媳妇在婆媳之间比较强势，而婆婆比较弱势，容易出现这种关系。在这种关系下，婆婆容易受到委屈，媳妇会得到一些好处。

第四种：**针锋相对**。这是婆媳之间一种非常紧张的关系。双方谁都不会退让一步，彼此针锋相对，谁都不会在这种关系中得到好处。

9.1.2 建立博弈模型

婆媳之间的这种冲突，可以看作是一种静态博弈。在这场博弈中，在媳妇刚进门时，无论是婆婆还是媳妇，都不知道对方的底细和对方会采用怎样的策略。假设在"婆媳之争"的博弈中，婆媳之间采取的策略要么是斗争，要么是忍让。如果两人都选择斗争，那么两人都会受到损失；如果一人选择斗争，另一人选择忍让，忍让的一方会受到损失，斗争的一方则会获得利益；如果都选择忍让，双方既不会有损失，也不会有利益。

以上只是进行定性分析，接下来描述婆媳在博弈中的收益，得出博弈模型。

博弈参与方：婆婆、媳妇；

博弈策略：婆婆（斗争、忍让）、媳妇（斗争、忍让）；

博弈的收益：

（1）如果婆媳双方都选择斗争，婆婆和媳妇都会受到 1 个单位的损失，也就是两人的收益都是 −1；

（2）如果婆婆选择忍让，而媳妇选择斗争，媳妇的收益是 1，婆婆会受到 2 个单位的损失，收益是 −2；

（3）如果媳妇选择忍让，而婆婆选择斗争，婆婆的收益是 1，媳妇的收益是 -2；

（4）如果婆媳都选择忍让，双方在博弈中谁也得不到好处，当然谁都没有损失，此时双方的收益都是 0。

9.1.3　分析双方的最佳策略

首先，列出博弈双方的收益表。

根据上面的博弈模型，可以将婆婆和媳妇各自的策略和相应的收益列成表格，如表 9-1 所示。

表 9-1　婆媳之间的博弈

媳妇＼婆婆	斗争	忍让
斗争	-1，-1	1，-2
忍让	-2，1	0，0

其次，从表格中找到各自的最佳策略。

根据表 9-1 可知，从婆婆的角度来看，假设媳妇选择忍让，婆婆的最佳策略是选择斗争，这时婆婆会得到 1 个单位的利益，选择忍让不会得到利益；假设媳妇选择斗争，婆婆的最佳策略也是选择斗争，因为忍让会损失更多，斗争只会损失 1 个单位的利益。

从媳妇的角度来看，假设婆婆选择忍让，媳妇的最佳策略是选择斗争，这时媳妇会得到 1 个单位的利益，选择忍让不会得到利益；假设婆婆选择斗争，媳妇的最佳策略也是选择斗争，因为忍让会损失更多，斗争只会损失 1 个单位的利益。

最后，在表格中对最佳策略进行标注。

在表 9-1 中，对婆婆来说，当媳妇选择斗争时，婆婆的最佳策略是选择斗争，这时双方的收益都是 -1，用下划线标注表格中（-1，-1）右边的 -1；当媳妇选择忍让时，婆婆的最佳策略仍是选择斗争，这时婆婆的收益是 1，媳妇的收益是 -2，用下划线标注表格中（-2，1）右边的 1。

对媳妇来说，当婆婆选择斗争时，媳妇的最佳策略就是选择斗争，这时双方的收益都是 -1，用下划线标注表格中（-1，-1）左边的 -1；当婆婆选择忍让时，媳妇的最佳策略仍是选择斗争，这时婆婆的收益是 -2，媳妇的收益是 1，用下划线标注表格中（1，-2）左边的 1。

综合起来，在婆媳的博弈过程中，无论是婆婆还是媳妇，在任何情况下的最佳策略都是斗争。也就是说，在这次博弈中，婆媳都会选择斗争，而不会出现其他结果，因为任何一方改变策略，都会使自己受到更多的损失，收益变为 -2。在双方都选择斗争时，婆媳的收益都是 -1，这也就是婆媳博弈中的纳什均衡。同时，结合表 9-1 可以发现，这个纳什均衡比其他的情形要差。例如，婆媳都选择忍让这种情形，因此，这个纳什均衡是坏的纳什均衡。

9.1.4 博弈带给我们的启示

从婆媳的博弈就可以看出，婆媳之间容易形成一个坏的纳什均衡，即双方都选择斗争这一策略，造成婆媳之间的僵局。仔细分析背后的原因，婆媳之间相互斗争的关系，正是因为双方都怕隐忍会使自己吃亏造成的。应怎样打破这个坏的纳什均衡，使婆媳之间的关系更加和睦呢？

要想打破这个坏的纳什均衡需要婆媳之间消除戒心，婆媳之间相互信任，不必担心自己的忍让会使自己吃亏。这样，婆媳之间也就没有必要选择斗争策略，彼此之间就能够和睦相处了。

9.2　情侣之间的争吵怎样处理最合适

情侣之间的关系虽然亲密，但是争吵也是在所难免的。情侣之间的争吵，从本质上来说，可以看作是运筹学中的博弈过程，可用博弈的理论进行分析，找到最科学的处理方法。

9.2.1　情侣之间对电视频道的争夺

情侣之间往往会因为一些小事闹矛盾，起冲突。怎样缓解情侣之间的各种冲突呢？更重要的是，应找到一个长期有效的方法，能够在每次冲突可能发生时避免冲突。如果只是等待冲突爆发后才去解决，不利于情侣关系的长期发展。在情侣冲突时，最坏的结果是双方都不肯妥协，往往会造成情侣分手的局面。

小明和小丽是一对情侣，他们平时上班都很忙，这次难得周六晚上能一起在家，但是家里只有一台电视机。小明是个足球迷，有自己喜欢的球队，周六晚上电视要转播这支球队的比赛，小明期待这次足球比赛已经很久了。小丽对足球一窍不通，小丽是某位明星的忠实粉丝，周六晚上这位明星会作为嘉宾出现在一个综艺节目中，小丽同样也期待了很久。

现在，足球比赛和综艺节目的播出时间冲突了，小明和小丽之间应该怎样处理此次冲突呢？

9.2.2 建立博弈模型

小明和小丽之间的冲突，可以看作是双方之间的一次静态博弈，因为小明和小丽在面对电视机时，必须同时做出决策，双方的决策没有先后之分。根据各自的决策确定是应该看足球比赛，还是应该看综艺节目。

这时可能出现多种情况：要么情侣之间能够相互体谅，两人可以安安静静地看足球比赛或综艺节目，此时妥协的一方虽然没有达成自己的意愿，但情侣之间能够一起看电视也是一个不错的结果；要么，情侣之间互不相让，都不肯向对方妥协，此时谁都不能安安静静地看电视，最后由于意见没有统一，干脆谁都没得看。

以上只是进行定性分析。接下来，可以通过博弈描述小明和小丽的收益，得出下面的博弈模型。

博弈参与方：小明、小丽；

博弈策略：小明（看足球比赛、看综艺节目）、小丽（看足球比赛、看综艺节目）；

博弈的收益：

现在假设小明和小丽只有意见达成一致时，才能一起看电视。也就是说，只有两个人都同意看足球比赛或综艺节目时，才能一起看电视。否则，谁都没法看电视。如果两人由于意见不统一而没法看电视。双方就得不到任何收益；相反，如果小明和小丽两个人没能达成一致。没有妥协的一方按照自己的意愿看电视，收益是 2，妥协的一方虽然未达成自己的意愿，但也有电视可看，收益是 1。此时得到以下四种情形：

（1）如果小明坚持自己的意愿，要看足球比赛，同时小丽也不肯妥协，坚持要看综艺节目，那么，双方谁都看不成电视，收益是 0；

（2）如果小明坚持自己的意愿，要看足球比赛，小丽向小明妥协，小明和小丽可以一起看足球比赛，小明的收益是 2，小丽的收益是 1；

（3）如果小丽坚持自己的意愿，要看综艺节目，小明向小丽妥协，小明和小丽可以一起看综艺节目，小丽的收益是 2，小明的收益是 1；

（4）如果小明要看足球比赛，小丽要看综艺节目，此时谁也看不成电视，双方的收益都是 0。

9.2.3　分析双方的最佳策略

首先，列出博弈双方的收益表。

根据上面的博弈模型，可以将小明和小丽各自的策略和相应的收益列成一个表格，如表 9-2 所示。

表 9-2　小明和小丽之间的博弈

小丽 ／ 小明	看足球比赛	看综艺节目
看足球比赛	2，1	0，0
看综艺节目	0，0	1，2

其次，从表格中找到各自的最佳策略。

根据表 9-2 可以得出，从小明的角度来看，假设小丽坚持要看综艺节目，小明的最佳策略是选择妥协，和小丽一起看综艺节目，这时小明也会得到 1 个单位的收益，不妥协小明得不到任何收益；假设小丽选择向小明妥协，看足球比赛，小明的最佳策略是看足球比赛，此时小明会得到 2 个单位的收益，否则小明得不到任何收益。

从小丽的角度来看，假设小明坚持要看足球比赛，小丽的最佳策略是选择妥协，和小明一起看足球比赛，这时小丽也会得到 1 个单位的收益，否则小丽得不到任何收益；假设小明选择向小丽妥协，和小丽一起看综艺节目，小丽的最佳策略是坚持自己的意愿，和小明一起看综艺节目，此时小丽会得到 2 个单位的收益，否则小丽得不到任何收益。

最后，在表格中对最佳策略进行标注。

在表 9-2 中，对小明来说，当小丽选择看足球比赛时，小明的最佳策略是选择看足球比赛，此时小明的收益是 2，小丽的收益是 1，用下划线标注表格中（2，1）左边的 1；当小丽选择看综艺节目时，小明的最佳策略也是选择看综艺节目，这时小明的收益是 1，小丽的收益是 2，用下划线标注表格中（1，2）左边的 1。

对于小丽来说，当小明选择观看足球比赛时，小丽的最佳策略是选择看足球比赛，此时小明的收益是2，小丽的收益是1，用下划线标注表格中（2，1）右边的1；当小明选择观看综艺节目时，小丽的最佳策略是坚持看综艺节目，这时小明的收益是1，小丽的收益是2，用下划线标注表格中（1，2）右边的2。

根据表9-2中的标注情况，综合起来可以得到：在小明和小丽的博弈过程中，一共有两个纳什均衡，要么是小明坚持观看足球比赛，小丽选择妥协，要么是小丽坚持观看综艺节目，小明选择妥协。因为只有在这两种情况下，无论是小明还是小丽，任何一方改变自己的策略，都会使自己的收益变为0。这时，妥协的一方收益是1，未妥协的一方收益是2。根据表9-2可以发现，这两个纳什均衡比其他的两种情况都好。因此，这是一个好的纳什均衡。

9.2.4 博弈带给我们的启示

可以看出，在情侣博弈中，双方没有一个在各种情况下都是最优的策略，这和前面的婆媳冲突不同。例如，小明观看足球比赛时，小丽的最佳策略是观看足球比赛，小丽观看综艺节目时，小明的最佳策略也是观看综艺节目。具体来看，在情侣博弈中，双方必须达成一致才能有收益，否则两人都没有任何收益。无论是对个人而言，还是从整体利益出发，达成一致都是双方共同希望的。在达成一致的两种情况中，对小明来说，一起看足球比赛最好，对小丽来说，一起看综艺节目最好。

因此，在情侣博弈中，博弈的最终结果往往取决于谁能说服对方、取决于谁的决心更大。如果一方坚持自己的意见，展示出不愿意妥协的决心，才会是最大的赢家。例如，如果小明坚持要看足球比赛，"打死"也不看综艺节目。小丽考虑到双方争执谁都得不到好处，就会选择和小明一起观看足球比赛，小明就是此次博弈中的赢家。如果小丽表明宁愿电视机关着也不愿意观看足球比赛，小明最终就会妥协，小丽最后就能观看综艺节目。

在现实生活中，情侣博弈十分常见。例如，买家和卖家之间也可能出现这种类型的博弈。只有买家和卖家在价格上达成一致，彼此才有可能获得收益。毕竟，如果双方谁都不肯达成一致，买卖也就没得做了。谁都不会得到好处。在达成一致时，往往是买卖双方中的一方做出利益上的让步，这时未妥协的一方就是赢家，另一方也能获得少量利益，至少比买卖不成功要强。

因此，遇到类似这样的博弈，需要考虑对方的决心，如果对方容易妥协，就表明自己强硬的态度，让自己的收益变得更大；如果对方始终不肯妥协，那就只好按照对方的意愿来，这样也能获得少许收益，总比双方不一致没有任何收益要好。

9.3 为什么有些时候不必谦虚

在人际关系中可以发现，个性张扬的人很少吃亏，相反，那些羞于表现自己或者说个性谦虚的人，没有足够勇气在别人面前"亮剑"，往往容易吃一些哑巴亏。因为，个性张扬、在人际关系中敢于表现自己的人，往往能够让自己脱颖而出。因此，在很多时候，没有必要谦虚，个性张扬一点更好。在这背后，同样可以用运筹学的原理进行分析。

9.3.1 从"斗鸡博弈"说起

要用运筹学解释为什么有些时候不必谦虚，就不得不提到著名的"斗鸡博弈"，因为它能很好地解释那些个性张扬的人，为什么往往能得到更多好处。"斗鸡博弈"其实是两个人狭路相逢时互相比拼的过程：

假如两个人狭路相逢，对每个人来说，都有两个行动可供选择：要么选择后退，要么选择前进。由于道路只有一条，对两个人来说，会有以下情况：

如果一方选择后退，另一方没有选择后退，仍然选择前进。前进的一方就能通过这条路，选择后退的一方只能等别人过去了才能继续向前，既浪费时间，又伤了面子。

如果双方都选择后退，谁都没有选择前进，两个人就都浪费了自己的时间，道路这种资源处于闲置状态。

如果双方都选择前进，谁都不肯后退。由于道路的宽度有限，在同一时间只能一个人通过，双方必然会斗得不可开交，直到一个人认输为止。此时双方谁都没给对方面子，还会因为争斗两败俱伤。

如果两个人足够聪明，他们将会做出怎样的决策呢？

9.3.2 建立博弈模型

从博弈的过程来看，在上述"斗鸡博弈"中，参与博弈的双方需要同时做出决策，并且他们的决策都是同时生效没有先后之分。因此，"斗鸡博弈"可以看作是一种典型的静态博弈。在"斗鸡博弈"中，只有一方选择退让，另一方选择前进，才有博弈中的"赢家"和"输家"之分，在其他情况下，可以说谁都没有得到好处。

以上只是进行定性分析。不妨假设上述"斗鸡博弈"中的双方是甲和乙，可以建立以下博弈模型。

博弈参与方：甲、乙；

博弈策略：甲（前进、后退）、乙（前进、后退）；

博弈的收益：

（1）如果甲乙双方都选择后退时，两人要付出等待的时间，甲乙都会受到 1 个单位的损失，两人的收益都是 −1；

（2）如果甲选择前进，乙选择后退，甲不需要等待，乙需要等待，乙获得的收益是 −1，甲会得到 1 个单位的收益；

（3）如果乙选择前进，甲选择后退，乙不需要等待，甲需要等待，甲获得的收益是 −1，乙会得到 1 个单位的收益；

（4）如果甲乙两人都选择前进，此时两人要进行一次激烈的争夺，可能会造成两败俱伤的局面，甲乙都会受到 2 个单位的损失，即两人的收益都是 −2。

9.3.3 分析双方的最佳策略

首先，列出博弈双方的收益表。

根据上面的博弈模型，可以将甲和乙各自的策略和相应的收益列成一个表，如表 9-3 所示。

表 9-3　甲乙双方之间的"斗鸡博弈"

甲＼乙	前进	后退
前进	−2，−2	1，−1
后退	−1，1	−1，−1

其次，从表格中找到各自的最佳策略。

根据表格 9-3 可知，从甲的角度来看，假设乙选择前进，甲的最佳策略选择后退，因为这样可以使自己的损失更少，甲选择前进的策略会使自己受到 2 个单位的损失；假设乙选择后退，甲的最佳策略是前进，此时甲会得到 2 个单位的收益。否则，甲不仅没有任何收益，还要受到 1 个单位的损失。

从乙的角度来看，假设甲选择前进，乙的最佳策略是选择后退，因为这样可以使自己的损失更少；假设甲选择后退，乙最佳策略是前进，因为这会得到更多的收益。

最后，在表格中对最佳策略进行标注。

在表 9-3 中，对甲来说，当乙选择前进策略时，甲的最佳策略是选择后退，这时甲的收益是 −1，乙的收益是 1。用下划线标注表格中（−1，1）左边的 −1；当乙选择后退的策略时，甲的最佳策略是选择前进。这时甲的收益是 1，乙的收益是 −1，用下划线标注表格中（1，−1）左边的 1。

对乙来说，当甲选择前进策略时，乙的最佳策略是选择后退，这时甲的收益是 1，乙的收益是 −1，用下划线标注表格中（1，−1）右边的 −1；当甲选择后退策略时，乙的最佳策略是选择前进，这时甲的收益是 –1，乙的收益是 1，用下划线标注表格中（–1，1）右边的 1。

根据表 9–3 中的标注情况，综合起来，可以得到：在甲乙博弈的过程中，共有两个纳什均衡，要么是甲选择前进，乙选择后退，要么是乙选择前进，甲选择后退。当一方选择前进，另一方选择后退时，如果选择前进的一方改变策略，选择后退，他就得不到 1 个单位的收益，反而还要受到 1 个单位的损失，如果选择后退一方改变策略，选择前进，双方就会两败俱伤，会给自己带来更大的损失。因此，只有一方选择前进，另一方选择后退，才是纳什均衡。

同时，对于甲乙中的每一方，最好的结果就是对方选择后退，自己不后退，选择前进，这样才能够获得收益，这时是纳什均衡，在其余情况下都会受到损失；最差的情况是双方都选择前进，这样会两败俱伤，让双方都受到最大损失。

另外，从整体的角度来看，这两个纳什均衡也是最优的策略组合，这时总体的收益是 0，在其余情况下，总体都会受到一定的损失，最差的情况是双方都选择前进，此时总体损失达到 4 个单位。说明"斗鸡博弈"中的两个纳什均衡都是好的。

9.3.4　博弈带给我们的启示

在斗鸡博弈中，对每一方来说，都没有一个确定的最佳策略。因为任何一方都不能够确定对方会采取怎样的策略，对方既可能选择前进，也有可能选择后退，对方也无法摸清我方的策略。这也说明"斗鸡博弈"不像之前"交换密封袋子"的博弈一样，不能准确预判博弈的结果。

在日常的人际交往过程中，如果遇到"斗鸡博弈"这样的场景，我们应该怎样对待呢？

此时没有必要采取谦虚态度了，应敢于展示自己的实力，坚定迅速地采取前进的策略，用强硬的态度迫使对方后退，因为对方见到我方采取前进策略，从自身的利益出发，对方必然也不会选择前进，而会采取后退策略。此时我方能获得1个单位的收益，对方需要承担1个单位的损失。因此，在"斗鸡博弈"场景中，个性张扬一点，向对方展示自己的实力，往往能够得到一个对自己有利的结果。

9.4 什么情形下合作最有利

在现代社会中，单打独斗是走不远的，只有合作才能共赢。在人际关系中，当出现各种博弈场景时，并不是彼此之间非要发生争夺才能罢手，有时也需要彼此合作。在什么样的情形下，合作才是最有利的选择呢？这同样可以从运筹学中找到答案。

9.4.1 从"猎鹿博弈"说起

要清楚在什么时候合作最有利，不得不从"猎鹿博弈"说起。"猎鹿博弈"本身就是一种需要双方合作才能获得最大利益的博弈过程。"猎鹿博弈"具体如下：

在一个村庄中有两个猎人。猎人每天都出去捕猎，猎物主要是鹿和兔子，但猎取鹿比猎取兔子要难得多。猎取兔子，一个猎人单独就能完成，要想猎到鹿，需要两个猎人合作才能完成。往往两个猎人一天猎到兔子的总量，还比不上两人合作一天猎到的鹿。但如果两个猎人不肯合作，只有某个猎人单独去猎取鹿，这个猎人往往会空手而归。

这两个猎人应该选择怎样的策略呢？

9.4.2 建立博弈模型

从博弈的过程来看，在"猎鹿博弈"中，参与博弈的两个猎人需要同时做出决策，并且决策同时生效，而且没有先后之分。因此，"猎鹿博弈"是一种典型的静态博弈。另外可以发现，只有两个猎人心甘情愿地合作时，才能最终获得双赢的局面，但是，这样的情形并不是简单就能做得到的，因为愿意合作的猎人会担心另一个猎人不愿意合作，而使自己空手而归。

以上只是进行定性分析。不妨假设"猎鹿博弈"中的两个猎人分别是甲和乙，可以得到以下博弈模型。

博弈参与方：猎人甲、猎人乙；

博弈策略：猎人甲（猎鹿、猎兔）、猎人乙（猎鹿、猎兔）；

博弈的收益：

（1）如果猎人甲和猎人乙都选择猎兔时，由于猎兔一个猎人就能完成，两个猎人各自都能猎到一定数量的兔子，此时两个猎人的收益都是 2；

（2）如果猎人甲选择猎鹿，猎人乙选择猎兔，猎人乙能猎到一定数量的兔子，由于猎人甲是一个人，因此他会空手而归。此时，猎人甲获得的收益是0，猎人乙会获得2个单位的收益；

（3）如果猎人乙选择猎鹿，猎人甲选择猎兔，猎人甲能够猎到一定数量的兔子，由于猎人乙是一个人，因此他会空手而归。此时，猎人甲会获得2个单位的收益，猎人乙获得的收益是0；

（4）如果猎人甲和猎人乙两人都选择猎鹿，由于猎鹿需要两人合作，甲和乙两个猎人就能猎到鹿，并且比他们各自猎兔要好，此时两人的收益都是4。

9.4.3　分析双方的最佳策略

首先，列出博弈双方的收益表。

根据上面的博弈模型，可以将猎人甲和猎人乙各自的策略和相应的收益列成一个表，如表9-4所示。

表 9-4　猎人甲和猎人乙双方的猎鹿博弈

猎人甲 ＼ 猎人乙	猎鹿	猎兔
猎鹿	4，4	0，2
猎兔	2，0	2，2

其次，从表格中找到各自的最佳策略。

根据表9-4可知，从猎人甲的角度来看，假设猎人乙选择猎鹿，猎人甲的最佳策略是选择猎鹿，因为这样能使自己的收益更多，获得4个单位的收益，选择猎兔只能够使自己获得2个单位的收益；假设猎人乙选择猎兔，猎人甲的最佳策略也是猎兔，此时猎人甲会得到2个单位的收益，如果选择猎鹿策略，不会给自己带来任何收益。

从猎人乙的角度来看，假设猎人甲选择猎鹿，猎人乙的最佳策略是选择猎鹿，因为这样会获得更多的收益。假设猎人甲选择猎兔，猎人乙可以选择的最佳策略也是猎兔，因为选择猎鹿没有任何收益。

最后，在表格中对最佳策略进行标注。

在表9-4中，对猎人甲来说，当猎人乙选择猎鹿时，猎人甲的最佳策略是选择猎鹿，此时两人的收益都是4，用下划线标注表格中（4，4）左边的4；当猎人乙选择猎兔时，猎人甲的最佳策略是选择猎兔，此时两人的收益都是2，用下划线标注表格中（2，2）左边的2。

对猎人乙来说，当猎人甲选择猎鹿时，猎人乙的最佳策略也是选择猎鹿，此时两人的收益都是4，用下划线标注表格中（4，4）右边的4；当猎人甲选择猎兔时，猎人乙的最佳策略也是选择猎兔，此时两人的收益都是2，用下划线标注表格中（2，2）右边的2。

根据表9-4中的标注情况，综合起来，可以得到：在猎人甲和猎人乙的博弈过程中，共有两个纳什均衡，要么两人都选择猎鹿，要么两人都选择猎兔。因为当两个猎人的行动一致时，无论是谁率先改变自己的策略，都会使自己的收益变得更少。

例如，当双方都选择猎鹿时，无论是谁选择猎兔，都会使自己的收益从4变成2，当双方都选择猎兔时，无论是谁选择猎鹿，由于对方未改变策略，会使自己的收益从 2 变为 0。因此，只有当两人的行动一致时，才会形成纳什均衡。

同时，对于两个猎人中的每一方，最好的结果是双方都选择猎鹿，这样能够得到最大收益，这时候是纳什均衡；最差的结果是双方各自选择猎鹿，对方却选择猎兔，这时得不到任何收益。另外，从整体的角度来看，这两个纳什均衡也是最优的两个策略组合。说明"猎鹿博弈"中的两个纳什均衡都是好的。

9.4.4　博弈带给我们的启示

在"猎鹿博弈"的两个纳什均衡中，只有当双方都选择猎鹿，这个策略组合才是最优的，如果双方单打独斗，各自都选择去猎兔子，策略组合对双方来说，并不是最优的。因此，两人可以通过事先沟通，确定双方合作去猎鹿，并且这种合作关系是可以维持的。因为，如果某个猎人选择背离合作，私自去猎兔，他的收益会减少。换句话来说，在"猎鹿博弈"中，两个猎人之间容易在合作的基础上形成相互信任的关系，并且不用担心对方突然背叛合作。

为什么婆媳之间容易发生不信任的冲突呢？因为婆媳中的任何一方在选择忍让的策略时，如果对方选择斗争这一策略，对于对方来说，是很有利的，但对于自己来说，是很不利的。在"猎鹿博弈"中，一旦合作猎鹿的协议达成，如果对方选择背叛协议，私自去猎兔。那么，对方的收益肯定会下降。因此，无须担心对方不肯合作。

在现实生活中，在博弈时，不合作时双方的收益都会下降，此时就会出现合作共赢的纳什均衡，相当于"猎鹿博弈"中双方都选择猎鹿。要建立稳定的合作关系，需要让选择背叛的一方付出更大代价，让背叛得到的收益比双方合作时小得多。

第十章

运筹学在家庭生活中的应用

对一个普通家庭来说，家庭生活中大大小小的事情都少不了运筹学的身影。例如，买房买车、做家务等。很多时候，我们在这些事情上的一些处理经验，恰恰体现了运筹学的原理。

10.1　看似简单的家务活如何规划

家务活也需要规划吗？绝大多数做家务活的人并没有接触过运筹学，不也将家务活处理得井井有条吗？其实，这些做家务活的人的经验中就蕴含了运筹学的原理。家务活之间的规划，可以看作是一个项目规划，可以用网络图描述计划。

10.1.1　应该如何安排这些家务活

做过家务活的人都知道，虽然每件家务活都比较简单，但非常琐碎。例如，买菜、煮饭、炒菜、烧水、刷碗、洗衣服、扫地、拖地、整理房间等。极少做家务活的人，在最开始做家务活时，往往会忙得焦头烂额，还有可能越忙越乱，不能够像合格的家庭主妇一样，把各种家务活处理得井井有条。例如，菜都炒熟了，电饭锅里的米饭还是生的；刚刚把地面拖干净，结果发现房间还没有整理；等整理完房间，发现地面又脏了。

此时需要用到一些运筹学方面的知识。运筹学中会有一些帮我们协调任务、制订计划的方法，能够使我们更加高效地完成工作。例如，需要做拖地、煮饭、烧水、洗衣服、买菜、炒菜、整理房间7种家务，各自需要花费的时间如表10-1所示。

表 10-1　7 种家务活需要花费的时间

事情	拖地	煮饭	烧水	洗衣服	买菜	炒菜	整理房间
时间（分钟）	20	40	20	50	40	30	30

如果由你来完成上面的家务活，你会怎样安排？怎样安排才能够使所有家务活在最短时间内有效地完成？

10.1.2　将家务活大致排列顺序

经常做家务活的人往往会在拖地之前整理房间，因为在整理房间时可能会让地面变脏，如果拖完地再来整理房间，可能需要再拖一次地。煮饭和炒菜可以安排在一起。否则，要么是饭凉了菜还没炒，要么是菜已炒完，饭还没熟。

因此，想要做好家务，需要事先在脑海中将这些家务活进行大致排序；同时需要准确规划，确保不出现做无用功的情况，让每件事都不会重做。

排序不仅能保证我们做的家务不会白做，还可以充分利用资源。例如，水、时间和精力。可以在整理房间后洗衣服，因为洗衣服时需要将脏衣服单独放到一边，在整理房间时顺便完成这些事情，这样会节省一部分精力。

对极少做家务活的人来说，对表 10-1 中的 7 件家务活进行合理的排序仍然是比较困难的。此时可以先确定一部分的顺序，然后再将它们拼接起来。

整理房间—拖地，煮饭—炒菜，整理房间—洗衣服这 3 对顺序前面已经讲过。由于买菜必然在炒菜之前完成，因此顺序可以变为买菜—煮饭—炒菜。另外，拖地最好也在煮饭和炒菜之后进行，因为煮饭、炒菜免不了弄脏厨房的地面。

综合起来，可以得到一个比较合理的做家务活的顺序：整理房间—洗衣服—烧水—买菜—煮饭—炒菜—拖地。

10.1.3　根据时间进行详细规划

如果仅按上面的顺序严格执行，由于整理房间需要 30 分钟，洗衣服需要 50 分钟，烧水需要 20 分钟，买菜需要 40 分钟，煮饭需要 40 分钟（10 分钟淘米 +30 分钟煮饭），炒菜需要 30 分钟，拖地需要 20 分钟，经计算，一共需要 230 分钟。

显然，这 230 分钟中还有进一步优化的空间。可以将流水作业的方法放到这个问题中，充分利用机器和人力，在机器帮我们做家务的同时，我们可以做其他事情。

因此，可以将家务活分成两类，一类是需要人力完成的，例如，拖地、买菜、炒菜、整理房间，因为此类事情，我们在中途不能脱身去做其他事情。另一类是机器完成，完全不需要人参与的事情。例如，煮饭、烧水、洗衣服，这类事情一般是靠机器完成，见表 10-2。

表 10-2　机器时间和人力时间对比

家务活	拖地	煮饭	烧水	洗衣服	买菜	炒菜	整理房间
人力	20	10	0	5	40	30	30
机器	0	30	20	45	0	0	0

从表 10-2 可以看出，可以在机器用时较长时安排一些需要人力去做的事情，从而进一步缩短做家务的总用时。例如，拖地可以和烧水放到一起进行，拖完地之后，水也就烧开了。煮饭可以和炒菜同时进行，因为煮饭时有 30 分

钟不需要人的参与，可以用这 30 分钟炒菜，等饭熟了之后，菜也就炒好了。另外，洗衣服时有 45 分钟时间是空闲的，可在这段时间去买菜，因为买菜只需要 40 分钟。

此时根据前面的顺序做出一些优化，可以得出下面的执行顺序：整理房间—洗衣服（买菜）—煮饭（炒菜）—烧水（拖地）。这样这些家务活全部完成需要：30 + 50 + 40 + 20 = 140 分钟，这比之前节省了 90 分钟。

10.2　买房时应该怎样决策

买房是大多数人无法回避的问题，对许多年轻人来说更是如此。如何在买房时做出最佳决策，买房需要考虑哪些关键因素，什么样的房子能够保值、增值，这就需要费一番心思了。在很多时候，可以将买房当作一个多目标规划问题，用运筹学的方法分析。

10.2.1　买房子需要注意哪些事情

总的来说，买房需要考虑以下六个方面：

其一：位置

位置是影响房子价值的一个至关重要的因素，房产作为不动产，所处位置对其使用和保值、增值起着决定性的作用。当然，位置不仅是要看房子所在区域的现状，还要看这个区域的发展前景。例如，在城市中心，毫无疑问，房价一般都会很高。但是，如果在待规划中的城郊用较低的价格买房子，也不失为一个非常明智的决策，切不可错过如此的投资机会。

其二：交通

交通对置业的影响权重也越来越大。方便是第一要务，有多少路公共汽车能够到达小区，以后的城市轻轨会不会经过这个地方？对于交通条件，购房者一定要不辞辛劳地亲临实地调查分析。

其三：环境

现代人生存压力大，城市资源人均占有比例严重失衡，生态、环保、宜居的意识逐渐深入人心，环境自然而然成为买房者必须考虑的一大要素。虽然环境好的房子价格相对较高，但如果一个楼盘具备中央公园、城市广场、林荫大道等元素，既宜居又保值、增值，这时也是买房的好时机。对于环境来说，一定要进行实地调查，不要轻信房产销售的宣传。

其四：配套

居住区内配套公建是否方便合理，是衡量居住区质量的重要标准之一。主要配套包括普及教育设施，医疗设施，社区便民设施，公共活动场所或绿地，保安、保洁与社区管理等。

其五：商业

商业可以激活一个楼盘、一个区域、甚至一个城市的价值。所以商业也是考量一个楼盘是不是"潜力股"的重要指标之一，商业并不只是社区商业，而是能带动整个区域发展的"商圈"。如果一个楼盘处在商圈范围内，在此处购房肯定具有一定的增值空间。尤其是遇到齐备大型购物中心、时尚商业街、大型超市、大型餐饮、超级影院等商业配套的房子时，可以早点入手。

其六：价格

俗话说，一分钱一分货；房子绝不是越便宜越好，关键还是要看性价比，也就是说，房子是否物有所值。购房者看中某一楼盘后，应耐心对同一区位、同等档次楼盘的价格与功能进行比较。

10.2.2 买房是一个多目标规划问题

综合以上 6 个因素，可以将买房问题看作是一个多目标规划问题；然后建模，根据模型得到最优决策，这个最优决策必须综合评定房子各方面的因素。

建立数学模型时，需要考虑 6 个目标：位置好、交通便利、环境适宜、配套健全、商业繁荣和价格实惠。同时可以根据购房者搜集的信息和偏好，设计一套科学的评分机制，分数范围是从 0 到 10 之间的整数（含 0 和 10），然后将所有在考虑之中的房子分别从 6 个方面进行评分。

仅为各个目标设计一个评分机制还远远不够，需要为各个目标加上各自的权重，使多个目标变成单个目标。在比较各处房子的分数时，只需比较通过权重相加得到的总分即可，总分最大的，就是最佳决策。需要注意的是：这 6 个目标的权重之和应该是 1。

例如，如果某位购房者的经济能力有限，并且买房只是为了不租房，想下班后能够回到自己的房子里。他应着重考虑房子的价格和交通两个因素，因此，为房子价格和交通的权重可以设置得大一些，不妨都设为 0.3，将其他 4 个目标的权重都设为 0.1，可得到各个目标的权重表，如表 10-3 所示。

表 10-3　买房时 6 个目标的权重表

目标	位置	交通	环境	配套	商业	价格
权重	0.1	0.3	0.1	0.1	0.1	0.3

如果有两套房子可以考虑，它们各自的评分如表 10-4 所示。

表 10-4　两套房子的评分表

目标	位置	交通	环境	配套	商业	价格
房子 1	5	6	7	7	5	3
房子 2	4	7	5	6	4	4

结合表 10-3 中的权重，计算出这两套房子各自的总分。计算过程如下：

房子 1：$0.1 \times 5 + 0.3 \times 6 + 0.1 \times 7 + 0.1 \times 7 + 0.1 \times 5 + 0.3 \times 3 = 5.1$

房子 2：$0.1 \times 4 + 0.3 \times 7 + 0.1 \times 5 + 0.1 \times 6 + 0.1 \times 4 + 0.3 \times 4 = 5.2$

显然，房子 2 的评分更高一些，此时选择房子 2 更合适。从这里也可以看出，虽然房子 2 表面上看起来更差一些，6 个方面中的位置、环境、配套和商业相对来说处于劣势。但是，根据合理的权重，却是选择房子 2 更好。因此，在买房时，一定要结合自己的真实需要进行科学地分析，不一定看起来更好的房子就合适。

10.3　什么时候换车最合适

现在，汽车已经进入千家万户，人们关心的早已不是买车的问题。随着家庭的经济情况越来越好，什么时候换车已成为大家关心的问题。其实，换车并不是一件简单的事情，可以通过运筹学进行分析和计算，进而找到最适合的换车时机。

10.3.1 驾驶多久之后换车最好

某型号的汽车，汽车驾驶年限与每年维修费用的关系见表 10-5，该汽车未来每年年初的价格见表 10-6。

注：为体现明显的差异，维修费用的比例差距适当增大。

表 10-5 汽车驾驶年限与每年维修费用的关系

驾驶年限	1	2	3	4	5
年维修费（万元）	5	6	8	11	15

表 10-6 汽车未来每年年末价格趋势表

未来（第 X 年年初）	1	2	3	4	5	6
价格（万元）	10	11	11	12	12	14

对于该种型号的汽车，从第 1 年年初到第 6 年年初这段时间内，应该如何采购汽车，才能使汽车的总驾驶成本最低?

10.3.2 用图形描述问题

对照表 10-5 和表 10-6，可以看出，当该型号的汽车驾驶至第 5 年时，当年的维修费用是 15 万元，而新车的价格仅 14 万元。显然，此时还不如直接换辆新车。当然，在汽车驾驶了 4 年之后，换辆新车也是可以考虑的。此时一年的维修费用和新车的价格相差无几。而在第 2 年年初，汽车才驾驶了 1 年，显然，此时候考虑换车是不明智的选择。

应怎样找到最合适的换车时间呢?

对于每年年初这个时间点，可以用一个点表示，这里有第 1 年年初、第

2 年年初……第 6 年年初，共有 6 个时间点，可以用 A、B、C、D、E 和 F 分别表示。点之间的连线上的数字就是连线长度，可以用来表示在前一个时间点采购汽车，一直驾驶到后一个时间点的总花费。

例如，从 A 到 B 之间的连线，是第 1 年初就换新车，驾驶到第 2 年年初所花费的成本，由于购车的价钱是 10 万元，再加上第一年的维修费用 5 万元，总共是 15 万元，得到 A—B 连线的长度是 15。另外，从 A 点到 F 点的连线，意味在第 1 年年初采购新车，一直驾驶到第 6 年年初，这段时间所花费的总成本。显然，在第 1 年年初采购新车的价格是 10 万元，而这 5 年时间的总维修费用是 5+6+8+11+15=45，即 45 万元，10+45=55，连线 A—F 的长度是 55。

可以发现，在上述 6 个时间点中，任意两点之间都可以连线，当然，也可以算出任意两点之间的汽车维修花费，也可以得到连线的长度。例如，AC 之间的连线长度是 10+5+6=21。同样，B—D、C—E、D—F 这三条连线的长度都是 21。计算两点之间的长度后，得到图 10-1。

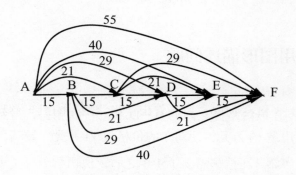

图 10-1　更换汽车的时间和花费图

10.3.3　找到最佳换车时机

从图 10-1 可以看出，要想找到最佳换车时机，就是要让第 1 年年初到第

6 年年初的汽车驾驶总花费最低，也就是寻找图 10-1 中从 A 到 F 的最短路径。可用迪杰斯特拉算法寻找从 A 到 F 的最短路径。

对于 B 点：从 A 到 B 只有一条路径。因此，可以得到从 A 到 B 的最短路径是 A—B，长度是 15。

对于 C 点：从 A 到 C 有两条路径，一条是 A—C，长度是 21；另一条是 A—B—C，长度也是 21。显然，前者长度更短。因此，从 A 到 C 的最短路径就是 A—C，长度是 21。同时，可以将 B—C 从图 10-1 中删去，得到图 10-2。

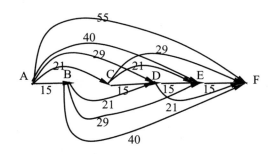

图 10-2　删去连线 B—C

对于 D 点：根据图 10-2，从 A 到 D 有 3 条路径，A—B—D，长度是 36；A—C—D，长度是 36；A—D，长度是 29。因此，从 A 到 D 的最短路径是 A—D。同时，可以将不在最短路径之内的 B—D 和 C—D 删去，得到图 10-3。

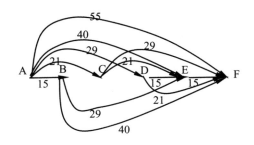

图 10-3　删去连线 B—D 和 C—D

对于 E 点：根据图 10-3，从 A 到 E 有 4 条路径，A—E，长度是 40；A—D—E，长度是 44；A—C—E，长度是 42；A—B—E，长度是 44。显然，第一条路径最短，因此从 A 到 E 的最短路径是 A—E，长度是 40。同时，可以将不在最短路径之内的 B—E、C—E 和 D—E 删去，得到图 10-4。

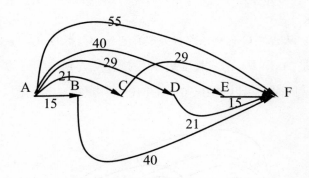

图 10-4　删去连线 B—E、C—E 和 D—E

对于 F 点：根据图 10-4，从 A 到 F 点有 5 条路径，A—F，长度是 55；A—E—F，长度是 55；A—D—F，长度是 50；A—C—F，长度是 50；A—B—F，长度是 55。显然，第三条路径和第四条路径长度相同，是五条路径中最短的。因此，从 A 到 F 的最短路径是 A—C—F 或者 A—D—F，长度是 50。

可以看出，根据得到的最短路径，即可得到最佳的更换汽车的方案：在第 1 年年初买车，在第 3 年年初或第 4 年年初更换新车。